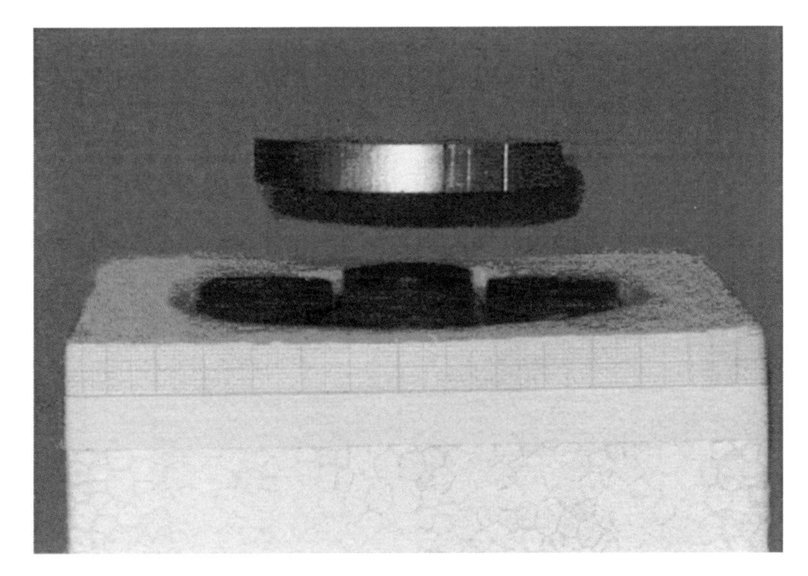

磁悬浮现象演示

超导环

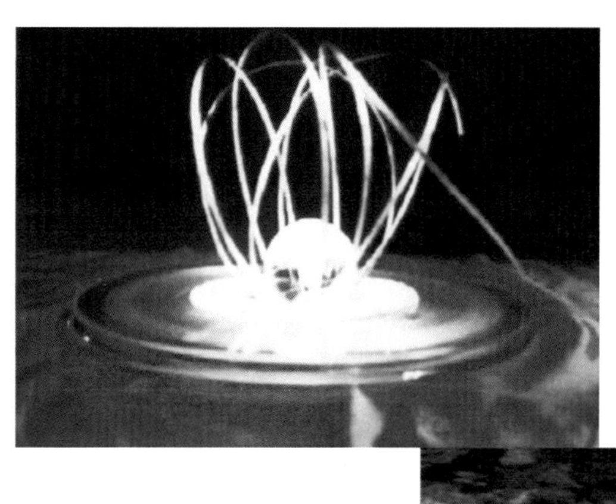

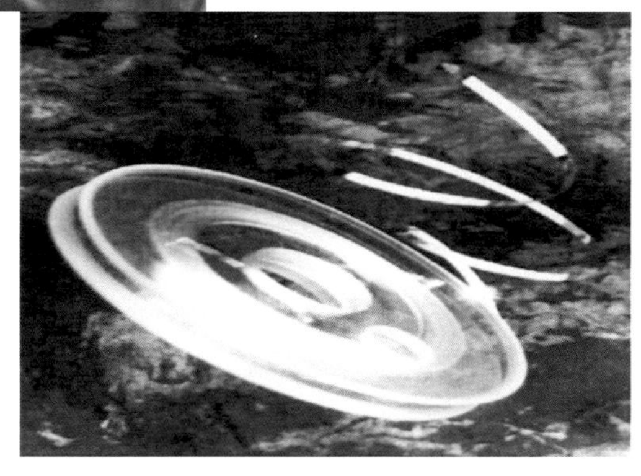

高温超导 Bi 系带材

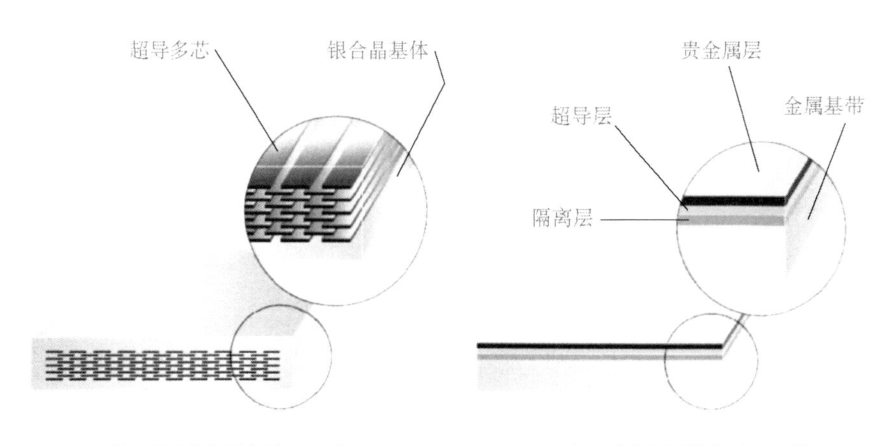

高温超导带材的结构示意图

云南挂网的高温超导电缆

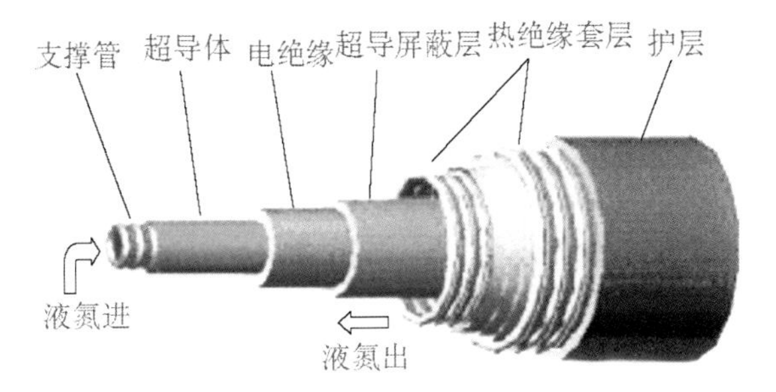

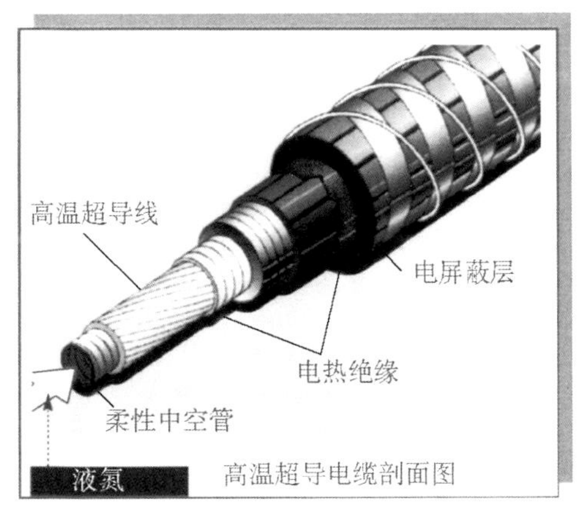

超导电缆结构示意图

德国斯图加特第二届世界移动论坛会议上展出的上海磁悬浮列车模型

上海磁悬浮列车

国家科技进步奖获奖丛书

物理改变世界

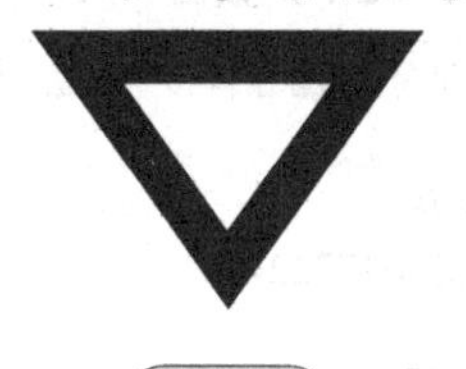

（修订版）

超越自由
神奇的超导体

Mysterious Superconductivity

章立源 著

科学出版社
北京

图书在版编目（CIP）数据

超越自由：神奇的超导体 / 章立源著. —北京：科学出版社，2016.4

（物理改变世界）

ISBN 978-7-03-047722-4

Ⅰ. ①超…　Ⅱ. ①章…　Ⅲ. ①超导体－普及读物　Ⅳ. ①TM26-49

中国版本图书馆 CIP 数据核字（2016）第 050674 号

责任编辑：姜淑华　侯俊琳　田慧莹 / 责任校对：赵桂芬

责任印制：吴兆东 / 整体设计：黄华斌

联系电话：010-64035853

E-mail：houjunlin@mail.sciencep.com

科学出版社出版

北京东黄城根北街 16 号

邮政编码：100717

http://www.sciencep.com

北京厚诚则铭印刷科技有限公司印刷

科学出版社发行　各地新华书店经销

*

2016 年 4 月第　二　版　开本：720×1000　1/16

2025 年 1 月第八次印刷　印张：11 1/4　插页：2

字数：222 000

定价：48.00 元

（如有印装质量问题，我社负责调换）

丛书修订版前言

“物理改变世界”丛书由冯端、郝柏林、于渌、陆埮、章立源等著名物理学家精心创作，2005 年 7 月出版后受到社会各界广泛好评，并于 2007 年一举荣获国家科学技术进步奖，帮助我社首次获此殊荣。丛书还多次重印，在海内外产生了广泛的影响，成为双效益科普图书的典范。

物理学是最重要的基础科学，诸多物理学成就极大地丰富了人们对世界的认知，有力地推动了人类文明的进步和经济社会的发展。丛书将物理学知识与历史、艺术、思想及科学精神融会贯通，受到科技工作者和大众读者的高度评价，近年库存不足后有不少读者通过各种方式表达了对再版的期待。

在各位作者的大力支持下，本次再版对部分内容进行了更新和修订，丛书在内容和形式上都更加完善，也能更好地传承这些物理学大师博学厚德、严谨求真的精神，希望有越来越多的年轻人热爱科学，努力用科学改变世界，创造人类更加美好的未来。

同时，我们也以此纪念和告慰已经离开我们的陆埮院士。

编者

2016 年 3 月

丛 书 序

20 世纪是科技创新的世纪。

20 世纪上叶，物理界出现了前所未见的观念和思潮，为现代科学的发展打下了坚实的基础。接着，一波又一波的科技突破，全面改造了经济、文化和社会，把世界推进了崭新的时代。进入 21 世纪，科技发展的势头有增无减，无穷尽的新知识正在静候着青年们去追求、发现和运用。

早在 1978 年——我国改革开放起步之际，一些老一辈的物理学家就看到“科教兴国”的必然性。他们深知科技力量的建立必须来自各方各面，不能单靠少数精英。再说，精英本身产生于高素质的温床。群众的知识面要广、教育水平高，才会不断出现拔尖的人才。科普读物的重要性不言而喻。“物理学基础知识丛书”的编辑和出版，是在这种共识下发动的。当时在一群老前辈跟前还是“小伙子”的我，虽然身在美国，但是经常回来与科学院的同事们交往、切磋，感受到老前辈们高尚的风格和无私的热情，也就斗胆参加了他们的队伍。

一瞬间，27 年就这样过去了。这 27 年来，我国出现了惊人的、可喜的变迁，用“天翻地覆”来形容，并不过甚。虽然老一辈的物理学家已经退的退了、走的走了，他们当时的共识却深入人心。科学的地位在很多领域里达到了高峰；科普的重要性更加显著。可是在新的经济形势下，愿意投入心血撰写科普读物的在职教授专家，看来反而少了。或许“物理改变世界”这套修订再版的丛书，能够为青年学子和社会人士——包括政界、工商界、文化界的决策层——提供一些扎实而有趣的参考读物，重燃科普的当年火头。

2005 年是“世界物理年”。低头想想，我们这个 13 亿人口的大国，为现代物理所做的贡献，实在不算很多。归根结底还是群众的科学底子太薄；而经济起飞当前，不少有识之士又过分急功近利。或许在这当儿发行一些高质量的科普读物能够加强公众对物理的认识，从而激励对基础科学的热情。

这一次在“物理改变世界”名下发行的 5 本书，是编辑们从 22 种“物理学基础知识丛书”里精选出来的，可以说是代表了“物理学基础知识丛书”作者和编委的心声。于渌、郝柏林、冯端、陆埮等都是当年常见的好朋友。见其文如见其人，我在急促期待中再次阅读了他们的大作，重温了多年来给行政工作淹没几尽的物理知识。

这一批应该只是个开端。但愿“物理改变世界”得到年轻一代的支持、推动和参与，在为国为民为专业的情怀下，书种越出越多，内容越写越好。

吴家玮

香港科技大学创校校长

2005 年 6 月

前　言

1911 年，卡末林·昂内斯首次发现超导电现象。自那以后半个多世纪，超导电性问题引起了各国科学家的广泛兴趣。超导电性的本质是什么？能否广泛应用？这是许多人所关心的。1957 年，巴丁、库珀、徐瑞弗三位美国物理学家建立了超导电性微观理论，解释了超导电性的本质。这样，人们对于物质导电机构的了解就出现了一个飞跃。这个成功来之不易，实际上是各国科学家经过长期努力的共同结晶。在回顾这一发展时，我们可以看到，这个飞跃是在摆脱了正常导体导电机构的框框，引入了全新的概念——库珀电子对——之后才得以实现的。这一点值得我们记取不忘：科学的发展总是在不断克服原有的旧东西，以更精确、更丰富的新概念替代和完善旧观念。在目前，使用超导线制成的超导磁体已有较多的应用。超导隧道效应在各方面的应用发展相当快。超导计算机也有了进展。过去，由于使用超导体需要很低的温度，这就限制了它的广泛应用。因此，超导体的应用究竟能达到什么程度，还要取决于能否制成更具有实用价值的新超导材料。

本书的目的是为了使具有高中以上文化程度的读者能对超导电性问题有一个初步了解。本书对问题的叙述完全是定性的、初步的，不作数学推导。许多问题都不求深入展开。要求深入学习超导电性问题的读者则需要阅读其他有关书籍。

初版时，香港科技大学校长吴家玮教授对本书初稿提出了许多宝贵意见，这次出版古宏伟教授为本书提供了精美的彩图，作者在此深表谢意。

从本书初版至今，已过去 20 多年，这 20 多年超导体也有很大发展，故使得本书于今年——“世界物理年”得以再版。

章立源

2005 年 5 月

目 录

丛书修订版前言 / i

丛书序 / iii

前言 / v

第一章　超导的发现 / 1

　　奇异的低温世界，超导与超流 / 1

　　超导体是完全导体吗 / 8

　　对超导未来的畅想 / 13

第二章　揭开超导之谜Ⅰ / 17

　　从超导体的电子比热谈起 / 17

　　二流体模型 / 20

　　以二流体模型为基础说明超导的几个实验事实 / 24

　　超导体电动力学 / 27

第三章　揭开超导之谜Ⅱ / 30

　　同位素效应 / 30

　　超导能隙 / 33

　　时机已经成熟 / 37

　　电子-晶格相互作用 / 39

　　库珀电子对 / 45

　　超导基态——T=0K 的超导体 / 49

第四章　第二类超导体　/　53
第二类超导体，奇妙的磁通线格子　/　53
界面能　/　56
混合态究竟是怎么回事　/　61
磁通量子　/　64
不可逆磁化曲线，非理想的第二类超导体　/　66
非理想第二类超导体的临界电流　/　68

第五章　超导隧道结　/　74
微观粒子的“穿山”本领　/　74
NIS 结中的隧道效应　/　77
SIS 结中的隧道效应　/　81
约瑟夫森隧道电流效应　/　84
磁场对直流效应的影响　/　86
微波照射下结的 I-V 特性　/　88
超导结的各种形式　/　89

第六章　千方百计提高超导临界温度　/　91
超导临界温度能够提高吗　/　91
激子超导电性　/　93
金属氢　/　98
T_c 与晶体结构、组分的关系　/　102
高压强下的超导电性　/　110
关于生物超导体　/　112

第七章　超导应用及其展望　/　113
超导磁体　/　113
超导隧道效应的应用　/　123

第八章 高温超导 / 130
高温超导技术——21 世纪的高新技术之一 / 130
液氮温区高 T_c 超导材料的发现 / 131
高温铜氧化物超导体的特性 / 139
关于高温铜氧化物超导电性机制的若干问题 / 146
高温超导技术应用展望 / 153

结束语 / 158
后记 / 161

第一章
超导的发现

奇异的低温世界，超导与超流

这里要给大家介绍的超导电性是在低温条件下物质所表现出来的奇异特性之一。在日常生活中一提到低温，人们往往会想到千里冰封万里雪飘的北国风光，在我国北方度过了童年时代的人们更会浮想起许多愉快的儿时往事：玻璃窗上美丽的冰花图案、雪球大战、白雪老人……我们也会想到人类的老祖先曾经和漫长严寒的冰期做过多少万年的艰苦斗争啊！然而，劳动创造了世界的文明和财富。经过漫长的历史岁月，人们早已战胜了普通的冰雪低温。在现代除了探索地球南北极大自然的奥秘外，摆在物理学家面前的一个任务已经是向更低的温度进军了。那么，这个低温是指什么呢？我们不妨重温一下从 19 世纪末开始的有意义的一段历史插曲。设想它是一组“低温世界”的银幕电影：

电影银幕把我们带进了 19 世纪末。字幕告诉我们当时的一些科学新闻：

1895 年，一度曾被视为“永久气体”的空气被液化了！

1895 年在大气中发现氦气。

1898 年杜瓦第一次把氢气变成了液体氢，又一个“永久气体”被征服了。

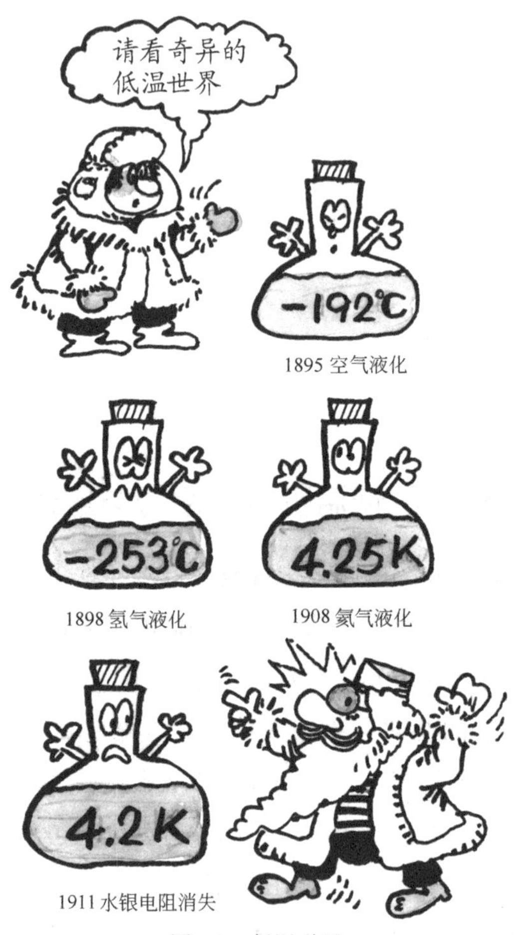

图 1.1　低温世界

请看在一个大气压下这些原以为是“永久气体”的液化点：

空气　-192℃。

氢气　-253℃。

在液空、液氢的基础上，已经进入零下 259℃的低温区！可是，还不能液化氦气。

影片解说员告诉我们说：在 19 世纪中叶，人类对于热现象规律的研究正经过了一个动人心弦的时代。经瓦特改进的蒸汽机在 19 世纪已在工业上得到广泛应用，使工业发生了飞跃进展。与此同时，由于生产上对蒸汽机效率提出了越来越高的要求，就促使人们对有关物质热性质、热现象的规律做深入的研究，从而推动了热学实验的发展。在大量科学实验的基础上建立了热力学第一定律（即能量转化及守恒定律），这里大家当然记得焦耳在热功当量实验工作中所做的杰出贡献，紧接着，开尔文就注意到焦耳工作的结果与法国工程师卡诺所建立的热机理论之间有矛盾，循此建立了热力学第二定律，影片所写的 19 世纪末正是在热力学这两个基本定律建立之后，热的分子运动学说也取得了相当成功的发展的时代，可以想见，人们是怀着怎样的热情注意到这些基础学科的发展正不断使热力工程、物性研究、气液相变、化学反应以及低温领域等方面取得多么有效的进展啊！当然，越是看到这些理论的成功，也就越促使有心人更加审慎地以各种工作去进一步检验这些理论和假说。在这巨大历史洪流中，低温领域的宽广前景展现在人类面前，人们的足迹踏进了温度越来越低的范围。看！为了进入更低温区，许多科学家正在向使氦气液化的目标前进……

影片再现了当时的荷兰莱登实验室。在卡末林·昂内斯教授（图 1.2）的领导下，这个实验室进行着有关气体液化和低温下物性方面的研究。

图 1.2　卡末林·昂内斯

莱登实验室是当时为实现液化氦而工作的一个集体。我们看到实验室的成员都在紧张地工作着，他们建立了各种先进的低温设备……

1908 年的一天，历史性的日子终于来到了，这一天的实验工作从早晨五点半开始一直做到夜间九点半。全体实验室工作人员都坚守在各自的工作岗位上，他们是多么渴望看到人类从没有看到过的液化氦啊！可是，氦气能够液化吗？大家都在担心着。墙上的挂钟滴答滴答地响个不停，时间在一秒一秒地消逝。人们屏住了呼吸，全神贯注地注视着液化器。终于在下午六点半，人类第一次看到了它，氦气被液化了！

初看时还有点儿令人不相信是真的，液氦开始流进容器时不太容易观察得到[①]，直到液氦已经装满了容器，事情就完全肯定了，当时测定在一个大气压下，氦的沸点是4.25K[②]。

卡末林·昂内斯教授把这个令人振奋的消息告诉了卓越的范德瓦耳斯教授。昂内斯表示，是范德瓦耳斯的气体液体理论使他决心把液化气体的工作坚持下去并进行到底的。莱登实验室所有的人都异常兴奋，奔走相告互相祝贺，喜讯传遍全世界。

莱登实验室全体工作人员乘胜前进快马加鞭，继续日以继夜地工作着。他们了解，如果降低液氦的蒸气压，那么随着蒸气压的下降，液氦的沸点也会相应降低（减压降温法）。这样，他们在当时获得了4.25～1.15K的低温。

当然，在无边无际的宇宙里，按我们的标准来看许多物质是处于极低温状态的，但是在地球上，人类以自己的智慧和劳动进入了奇异低温世界。人们有理由为此感到自豪，同时也期待着，在这个低温世界里会看到新的天地！

大家知道随着温度的降低，金属的导电率会变大（电阻率的倒数叫导电率）。莱登实验室的人们观察到在这么低的温度区，一些金属的电导显著增加。进而在1911年他们揭开了人类研究超导电现象的第一页。一天，当他们正在观察低温下水银电导变化的时候，在4.2K附近突然发现：水银的电阻消失了！这是真的吗？他们简直不相信自己的眼睛了。然而，多次反复的实验向我们展示了图1.3的结果。这个图的横坐标是温度，纵坐标是在该温度下的水银电阻与0℃水银电阻之比。看！在4.2K附近，水银的电阻比值从1/500下降到小于百万分之一。请注意，这个下降是突然发生的。莱登实验室

① 因为液氦的光折射率和气体相近，所以不太容易看清楚容器中的氦液面。

② 这里用的是热力学温度，它的单位为开尔文，简写为K，热力学温度 T（K）与摄氏温度 t（℃）的关系是：$t=T-273.15$。

当时估计，在 1.5K 时电阻比小于十亿分之一。毫无疑问，水银在 4.2K 附近，进入了一个新的物态，其电阻实际变为零[①]。对这种具有特殊电性质的物质状态，他们定名为超导态。而把电阻发生突然变化的温度称为超导临界温度（以后以 T_c 表示）。随后，他们又发现了其他许多金属有超导电现象。例如锡，约在 3.8K 时变为超导态……

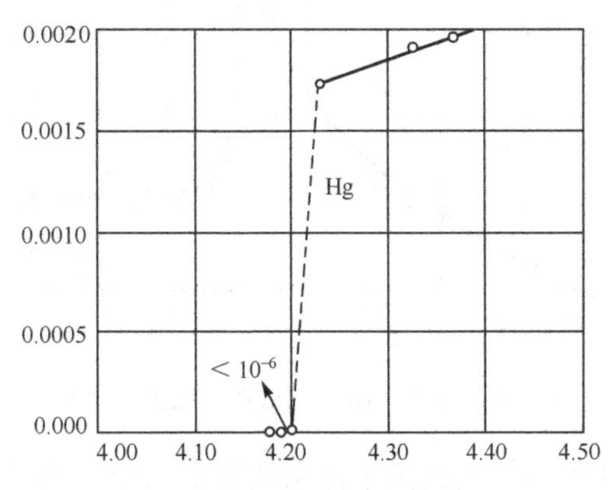

图 1.3　汞在 4.2K 时电阻值突变

还是在 1911 年，昂内斯教授在实验中被另一件新鲜的现象吸引住了，大家通常都知道物体热胀冷缩的现象，但是昂内斯当时的实验表明，当液氦温度降低到 2.2K 附近时，液氦不但停止了收缩，反而开始膨胀了。其后他们把约在 2.2K 以上性质表现正常的液氦叫 He I，把在这温度以下表现反常的液氦叫 He II。

银幕上印出了 1930 年的字样。这已经是过了 19 年以后的莱登实验室了，开色姆等人发现了一个更怪的现象，实验室仪器中有些非常小的空隙或很细的毛细管，在温度稍高时本来连液态 He I 甚至气态氦都完全通不过去，可是当温度降低到约 2.2K 以下时，He II 居然轻易地通过去了！

1932 年开色姆等人又报道了 He I 与 He II 间比热有突变（见图 1.4），图 1.4 的实验曲线形状很像希腊字母λ。所以称为λ相

① 以现在的观测而论，超导体即使有电阻的话，它的电阻率也远小于 10^{-25} 欧·厘米。请读者注意铜在 0℃的电阻率为 1.6×10^{-6} 欧·厘米。

变。λ 相变就是指从 He I 向 He II 的过渡。称该相变点温度为λ 点。

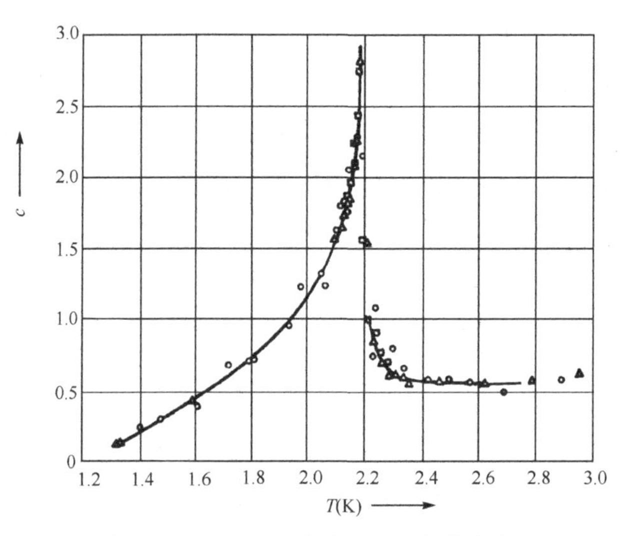

图 1.4　He I，He II 间低温下比热的突变

1938 年开色姆等人测量了液氦的黏滞系数，实验结果如图 1.5 所示。在λ 点以下液氦的黏滞性随温度下降而迅速减小[①]。

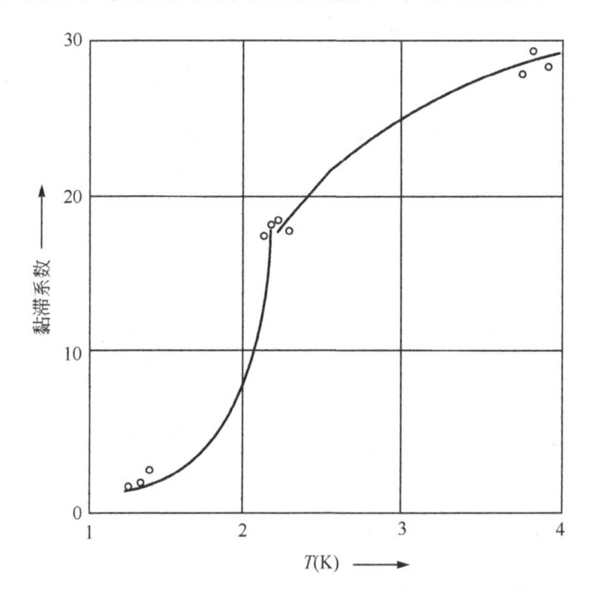

图 1.5　在λ 点以下液氦黏滞性随温度变化

① 现在已经明白，He II 中有两种流体，正常流体和超流。正常流体有黏滞性，超流无黏滞性。两种流体的比例随温度而变，当温度降至 0K 附近时，He II 中几乎全是超流成分了。

影片最后显示了两个物理实验。第一个实验是把两块很平的玻璃表面压在一起使中间造成一个很窄的缝隙（10^{-7}～10^{-6} 米），而 HeⅡ竟能以每秒几厘米的速度流过这缝隙。另一个实验是，把一个空杯子放到 HeⅡ中，当 HeⅡ和杯子底部接触后，HeⅡ就自动爬行上去，形成一薄层爬行膜，爬行膜可以顺着杯子表面爬进杯内，杯内液面逐渐上升，最后杯内、外液面居然相平了。

液氦流过玻璃缝

液氦爬进杯子

图 1.6　超流体

这个短短的历史镜头就到此结束吧！

自 1908 年至今，人类已经渡过了九十多年。人们在低温世界里发现了许多奇异的现象，其令人神往之处不亚于南北极的冰天雪地，有胜于宇宙中的低温，因为在这里人们可以控制实验室条件，细心地观察新的事物。在现代，液氦制冷的低温技术仍是低温领域中重要的手段，大量的实验工作离不开氦液化器。当然，在这几十年的岁月里，低温技术不断地取得新进展。大气中的氦主要是氦的同位素 ^{4}He，但人们发现其中有极少量的氦的同位素 ^{3}He（约占百万分之一），在一个大气压下 ^{3}He 的沸点是 3.20K，使 ^{3}He 液化再减压降温就可得到约 0.3K 的低温。另外在 0.86K 以下，人们发现 ^{3}He 与 ^{4}He 的混合液体分成两层，上层是液 ^{3}He 溶有少量 ^{4}He（叫富 ^{3}He 相或浓相），下层是液 ^{4}He 溶有少量 ^{3}Ie（称为稀相）。当温度降低时，液 ^{3}He 中能溶解的 ^{4}He 很快降为零，而即使接近 0K 在液 ^{4}He 中也能溶解约 6.4%的 ^{3}He。若设法把下层液体中溶解在液体 ^{4}He 中的 ^{3}He 不断抽走，那么，为了保持平衡，上层的 ^{3}He 液体就要经过界面不断向下层扩散，这与纯 ^{3}He 液体中的 ^{3}He 原子不断向空间蒸发而被抽气机抽走相似，可产生降温效应，叫稀释制冷现象。利用这一现象，人们做成稀释制冷机，达到了 0.005K 左右的低温。最低可达到 0.002K。还有一种降温方法，叫绝热去磁法，在绝热的条件下，减小外加磁场会导致顺磁物质温度降低；也可对原子核进行绝热去磁；还可以采取把液体 ^{3}He 绝热压缩为固体 ^{3}He 的方法；用这些手段一般可得到约 0.001K 左右的低温。不断向极低温区开拓的工作目前还在进行。然而，不要忘记热力学中早已总结出来的热力学第三定律。它断言，不可能使一个物体冷到 0K。当然，这不妨碍我们可以无限地趋向 0K，探索新奥秘。当前世界上已达到的最低温度比 0K 高出亿分之一度。广阔的低温前景仍然有待于我们一步一步地进行漫长的探索。低温世界里多少奇花异卉有待我们年轻一代去发现和利用啊！

超导体是完全导体吗

在 1933 年以前，人们从零电阻现象出发，一直认为超导体就是完全导体。什么叫完全导体？这个看法对吗？怎样检验这种观点？

大家知道，在通常条件下金属导线都有电阻，每种金属有各自的电阻率（ρ），ρ 的倒数称为电导率（σ）。由于导线有电阻，所以在一根通有电流的导线里，电荷的流动是受着阻力的，这和在管道中流动着的通常流体要受到阻力是相似的，由于流体在管道中流动时要克服阻力做功，这就使流体的流动会逐渐慢下来，如果没有外界推动力，它最终就停住不流了。天然河流奔腾不息是由于上、下游有高度差，靠重力推动前进的，好像小球从斜坡上滚下去一样。那么，导线中的电荷流动是靠什么推动的呢？是靠电源产生电位差从而在导线中有电场力来推动的。电场力不断推动电荷做了功，补充了电荷因受阻所引起的流速减慢，于是导线内电流就流动不息。如果设想有一种导体，它的电导率无穷大，那么，在这种导体里面流动的电荷就可以无须电场力推动而永远流动不息。人们把这种设想的导体称为完全导体。超导体的零电阻现象自然使人们认为超导体就是完全导体，这两者是等同的吗？我们先看看完全导体可能有一些什么其他性质，然后再在实践中检验超导体有没有这种性质。

上面谈到在完全导体中，电流无须借电场力推动而流动不息。仔细一想，不仅如此，而且在完全导体中，必然是没有电场的。假如在完全导体中有电场，那么这电场就要不断推动电荷，使它们加快流动，由于在完全导体中电荷的流动不受任何阻力的影响，所以其后果必然是电荷流速越来越大，即导线中任何单位横截面积上通过的电流强度越来越大，以致不可控制。在现实中从没有发现这种可能性。这说明，在完全导体中必然没有电场。

有了上述结论，再联系到法拉第电磁感应定律，就会又得出另一个推论。大家知道电磁感应现象是：随时间变化的磁感应通量（磁场）可以在导线中产生感应电流，而刚才谈过在一般导体中电流是靠电场力推动的，所以法拉第定律的本质是告诉我们：随时间变化的磁场在其周围产生了一种电场（这种电场推动了电荷，从而产生感应电流）。刚才说过在完全导体中必须没有电场，那么，这两者结合在一起，我们又得出一个推论：在完全导体中不可能有随时间变化的磁场，或者说，在完全导体中磁感应通量不可能改变，原有的磁通不会失去，也不会增加新的磁通量。我们可以用图 1.7 说明对完全导体的这一结论。

图 1.7（a）表示温度在临界温度 T_c之上，所以导体处在正常状态。图 1.7（b）表示把温度降到 T_c以下了，所以导体变成了完全导体，在这两种情况中都没有加磁场。图 1.7（c）表示温度没有变（仍是 $T<T_c$）但加上磁场了，由于在完全导体中磁感应通量不能改变，所以在完全导体内仍然如 1.7（b）中一样没有磁感应通量，磁感应通量环绕这个球的周围而过，在图 1.7（d）中把外磁场又去掉了，完全导体中还是没有磁通量。

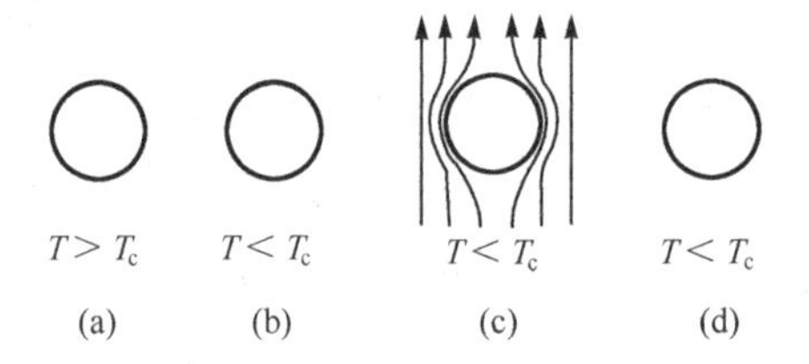

图 1.7　完全导体内的磁通量变化（先降温，后加磁场）

图 1.8 表示的还是那个完全导体球，这次是先加磁场而后降温。图 1.8（b）表示当导体处于普通状态时磁感应通量穿过了导体球。图 1.8（c）表示，这时再降温到 T_c以下，使球变为完全导体，由于完全导体内磁感应通量不能改变，所以图 1.8（c）保持了图 1.8（b）的历史情况。图 1.8（d）是去掉磁场后的结局，这时外加磁场没有了，但完全导体自己却还维持着穿过体内的磁通量！从图 1.7，图 1.8 可见，完全导体内的磁通量究竟如何，是和它的历史经历有关的。

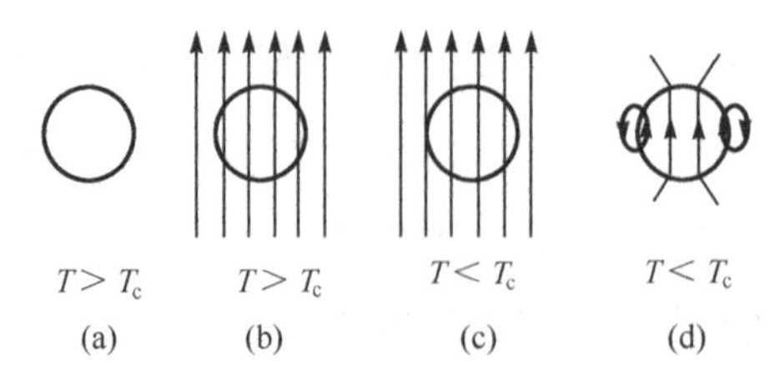

图 1.8　完全导体内的磁通量变化

至此，我们可以对超导体做一下上述实验来看看它是否如图1.7，图1.8所预期的那样。

1933年迈斯纳和奥赫森菲尔德对围绕球形导体（单晶锡）的磁场分布进行了小心的实验测量，他们惊奇地发现：对于超导体来说，不论是先降温后加磁场，还是先加磁场而后降温，只要锡球过渡到了超导态，在锡球周围的磁场都突然发生了变化，当锡球温度经过超导临界温度时，磁力线似乎一下子被推斥到超导体之外，这就是说，不管过渡到超导态的途径如何，只要 $T<T_c$，超导体内的磁感应强度 B 总是零，即具有完全抗磁性，这后来被人叫做迈斯纳效应。

根据迈斯纳效应我们看到，不能把超导体和完全导体等同起来，因为在完全导体内只具有“磁场不随时间变化”的性质，但在超导体内的磁场总是零。事实上，零电阻现象和完全抗磁性是超导体两个独立的基本性质。

阿卡捷夫做了一个很有趣的实验，显示出超导体的完全抗磁性，把一个由三条铜腿支撑着的铅碗浸入液氦中。这时铅已进入超导态，当一块磁性很强的永久磁棒靠近铅碗表面时，它的磁力线完全被排斥在超导体铅碗之外（完全抗磁性），结果产生了足够大的排斥力，与使磁棒下落的重力相平衡，图1.9示意表示了磁棒悬空漂浮着的情景。

图1.9　磁棒悬浮

最后我们谈谈在什么条件下会破坏超导态的问题。前面已经知道了当温度高于临界温度 T_c 时超导体就被破坏了，通过实验还发现，超导电性也可以被外加磁场所破坏，对于温度为 T（$T<T_c$）的超导体，当外磁场超过某一数值 H_c 的时候超导电性也被破坏了，我们把 H_c 叫临界磁场。实验表明，对一定的超导物质，H_c 是随温度而变化的。图 1.10 表示这一变化的曲线，这曲线大体可用下列公式表示

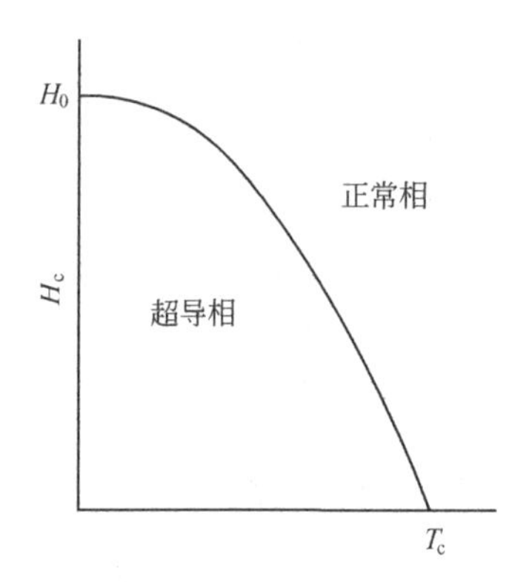

图 1.10 H_c 随温度的变化

$$H_c \approx H_0\left[1-\left(\frac{T}{T_c}\right)\right]$$

其中 H_0 表示 T=0K 时[①]超导体的临界磁场。注意 $T=T_c$ 时，临界磁场为零，换句话说，前面所说的超导临界温度 T 是指在无磁场下超导体从正常态过渡到超导态的温度。表 1.1 列出了一些元素的 T_c 和 H_0。

实验还表明，当通过超导体的电流超过一定的数值 I_c 后，超导电性也被破坏了。I_c 也是随温度不同而不同的。I_c（T）表示温度为 T 时超导体的临界电流。这个现象可以从磁场破坏超导电性来说明。在半径为 R 的超导线中通过电流 I 时，在超导线表面上产生的磁场 H_s 等于

① 本书内凡是写 T=0K 处，均应作 $T\to$0K 理解。

$$H_s=\frac{I}{2\pi R}$$

表 1.1 一些元素的超导转变温度与 0K 下的临界磁场

元　素	T_c（K）	H_0（Gs）
Al	1.19	99
Cd	0.52	30
Ga	1.09	51
In	3.41	283
Pb	7.18	803
Nb	9.2	—
Os	0.65	65～82
Re	1.7	201
Ru	0.49	66
Tc	8.2	—
Sn	3.72	306
Zn	0.86	53
U-α	0.6	～2000
U-γ	1.80	—

锡尔斯比在 1916 年提出：如果 I 很大，使 H_s 超过 H_c(T)，那么超导线的超导电性便被破坏了，而当 $H_s=H_c(T)$时，$I=I_c(T)$，这叫做锡尔斯比法则。由此易于看出 $I_c(T)$可由下式决定

$$I_c(T)=2\pi RH_c(T)$$

由于
$$H_c\approx H_0\left[1-\left(\frac{T}{T_c}\right)^2\right]$$
所以应有

$$I_c(T)\approx I_c(0)\left[1-\left(-\frac{T}{T_c}\right)^2\right]$$

其中 $I_c(0)$表示 T=0K 时的临界电流。锡尔斯比法则后来为实验所证实（请参考第四章）。

对超导未来的畅想

从历史学家的眼光看来，20 世纪已成历史，21 世纪已经到

来，而科学家在回顾前一段已渡过的时光和展望未来时，对超导电的发展是感到欢欣鼓舞、一派春光在前的。

经过大量辛苦的探索，科学家们终于在 20 世纪中叶（1957 年）从理论上阐明了超导现象，这就是著名的 BCS 理论。不知经过多少人的多少个不眠之夜，现在人们已经能制出上千种超导材料。如今已经可以说大部分金属元素都具有超导电性，以前被认为是罕见的超导现象，现在已经是金属在低温下普遍的现象了。在采用了特殊技术后（如高压技术、低温下淀积成薄膜的技术、极快速冷却等），以前认为不能变成超导态的许多半导体和金属元素也已在一定条件下使它们实现了超导态，这种情况在图 1.11 所示的周期表中可以看到（在常压下的超导元素，在该图中以绝对温标 K 标出了 T_c）。现在发现的具有最高 T_c 的纯元素是镧（La），T_c=12.5K，它是在高压下才能有这么高的临界温度。在已测量了的纯元素里，临界温度最低的元素是钨 T_c=13.5×10^{-3}K。1986 年前最高临界温度纪录的超导材料是铌三锗（Nb_3Ge），T_c=23.2K。但是，实现这一最高记录在技术上很困难，还不实用。在实用上用得最多的低温超导材料有铌三锡（Nb_3Sn，T_c=18.1K），钒三硅（V_3Si，T_c=17K），钒三镓（V_3Ga，T_c=16.5K），铌一钛（NbTi，T_c=9.5K）等（参见第四章、第六章）。

在 1986 年以前的情况是，在已发现的超导材料中 T_c 仍然都不够高，所以在实际应用上使用超导体时，当时还只能在低温液氦区工作。这需要许多低温设备和技术，提高了成本并引起不便，从而限制了超导体的应用。从 1986 年发现高温铜氧化物超导体后，揭开了人类开发超导技术的新篇章。例如 $HgBa_2Ca_2Cu_3O_{8+\delta}$ 在高压下，T_c 达 164K（详见第八章）。

墨守成规，故步自封从不是科学家的习惯，科学技术的步伐是永远不断地探索新奥秘，发现和发明新事物。我们对超导应用的前景是乐观的。我想，21 世纪将是：许多基本粒子之谜已经攻破，计

H																	He
Li	Be											B	C	N	O	F	Ne
Na	Mg											Al 1.19	Si	P	S	Cl	Ar
K	Ca	Sc	Ti .4	V 5.03	Cr	Mn	Fe	Co	Ni	Cu	Zn .86	Ga 1.09	Ge	As	Se	Br	Kr
Rb	Sr	Y	Zr .54	Nb 9.2	Mo .92	Tc 8.2	Ru .49	Rh	Pd	Ag	Cd .52	In 3.41	Sn 3.72	Sb	Te	I	Xe
Cs	Ba	Lu	Hf .16	Ta 4.4	W .01	Re 1.7	Os .65	Ir .14	Pt	Au	Hg 4.15	Tl 2.38	Pb 7.2	Bi	Po	At	Rn
Fr	Ra	Ac	Th 1.37	Pa 1.4	U 2	Np	Pu	Am	Cm	Bk	Cf	E	Fm	Md	No	Lw	
稀土元素				4.9 La 6.3	Ce	Pr	Nd	Pm	Sm	Eu	Gd	Tb	Dy	Ho	Er	Tm	Yb

超导的过渡元素

只在压力下成为超导的过渡元素

超导的非过渡元素

只在压力下成为超导的元素

用外推法得到的超导元素

只在压力下成为超导的非过渡族元素

稀土和超铀元素

磁性过渡元素

薄膜超导体或反铁磁性超导体

非超导元素

图 1.11　元素周期表中的超导体。对于在常压下的超导元素，以热力学温标 K 标明了它的转变温度

算机比比皆是，“机器人”代替了现在的机器，在材料上人类已经制成了有生命的东西，而上述超导材料应用上的困难早已解决了。

那时也许你参观了原子能发电站，这个发电站用超导线把电能输送给极其遥远的用户；那时有许多磁流体发电厂，而超导磁体在那里有效地工作着；那时受控热核聚变反应已经应用，在工厂中你又发现超导磁体以其极强的磁场约束着灼热气体（超导磁笼）。你在工业上看到用超导线绕制的电动机，它小巧而精致。你还可以登上用超导磁体的磁悬浮列车，时速约每小时 550 公里。

当你回到家里，机器人已经给你准备好晚饭，它在家务中帮了你很多忙，但当你打开它时，你发现它原来是大量利用了超导元件的计算机（参见第五章、第七章）。这能使你感到惊讶吗？不，因为就在当天电信上已经传来了特号科技新闻：人类终于发现，在人类自己的神经系统上，在室温范围内，有某种“类超导”的现象在发挥着神奇的作用（参见第六章）……

第二章
揭开超导之谜 I

从超导体的电子比热谈起

科学的任务要求我们不断地发现新事物并为它的应用开辟道路，这不仅要去发现新现象还要揭示它的本质。1911 年人类就发现了超导现象。但是，如何解释超导现象呢？这个问题吸引了许多科学家，他们用了半个世纪的时间才使这个问题得到基本解决。

从实验上不断发现了有关超导的新现象，这帮助人们获得了揭开超导之谜的线索。本节我们先从电子比热谈起。

什么叫电子比热？这要先谈谈金属中的自由电子。大家知道金属晶体的“建筑材料”是原子，每一原子由带正电的原子核和绕核运动的带负电的电子组成。当许多原子结合成晶体时，每个原子外层的一些电子发生“共有化”，这就是说，它们不再属于个别的原子，而是属于整个的晶体。每个原子在去掉“共有化”电子后，成为正离子，这些正离子在空间排成具有一定周期性的格子（如图 2.1），这叫晶格点阵。“共有化”电子不再是总处于某一特定的原子附近运动，而是在晶体的整个体积内“游来游去”，它可能暂时同某个离子结合在一起，但转瞬间又告别而去。在金属的正常状态下，这些自由电子的行为与气体中的原子活动很相似，所以人们有时把这种“共有化”的自由电子叫“电子气”，在没有外电场时，电子气中的每个电子是四处运动、杂乱无章的，所以金属中没有电流。如果加上恒定外电场，那么，电子沿电场方向的动量分量，平均来说不再是零，这就出现了通常的电流。在通常温度下，金属中的“自由”电子不能越出金属表面，这是因为当它们在金属表面层逃走的过程中会受到把它们拉回金属的力。当然，如果把金属加热到高温，金属中自由电子的热运动速度会不断增大，当温度很高时，总有相当数目的高速电子会克服这种扯后腿的力而终于逃出金属表面，这就是热电子发射现象。用这种设想可以很好地解释热电子流强度和金属温度的定量关系。从而给金属中电子气模型提供了有力的证据。

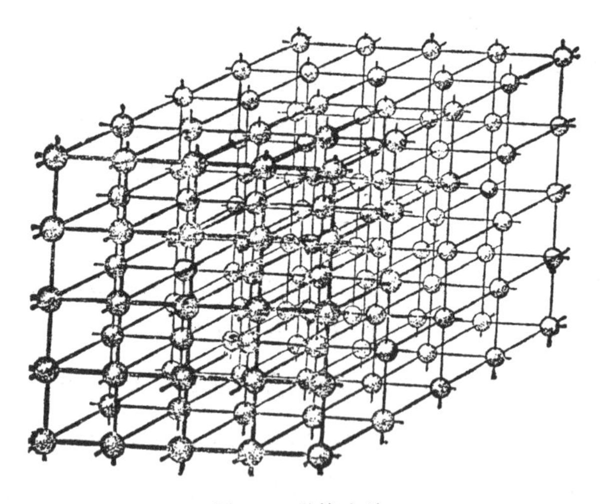

图 2.1 晶格点阵

金属中自由电子气模型还可以从托尔曼的实验得到直接证明。托尔曼用金属丝做成一个圆线圈，他使圆线圈绕它的铅直轴旋转，然后在几分之一秒内使它突然停下来，假如金属中存在着自由电子气，那么在线圈突然停止的一刹那，由于自由电子的惯性，它就会落后于金属晶格点阵的运动（后者突然停止）从而引起电流。托尔曼以精密的电流计量度出这电流，并从实验数据定出了电子电荷与电子质量之比，这比值和用其他方法得到的值是符合的。这就直接证实了金属中自由电子气的存在。

既然金属包含晶格点阵和自由电子气两部分，那么，金属的比热就有晶格点阵贡献的部分和自由电子气贡献的部分。前者叫晶格比热，通常以 c_l 表示，在低温下，c_l 与 T^3 成正比，而后者就叫电子比热，通常以 c_e 表示。实验测得，当金属处于正常状态时 c_e 与 T 成正比，即

$$c_e=\gamma T$$

称 γ 为电子比热系数。

当金属从正常状态转变到超导状态时，电子比热有什么变化呢？请看图 2.2 所示的实验结果，这是开色姆等对锡的测量结果，其中 c_n 表示在正常金属态下锡的比热，c_s 表示处于超导态下锡的比热。值得注意的是，在 T_c 发生了从正常金属到超导态的转变后，结构分析表明，晶格结构没有变化，但是图 2.2 显示出在 T_c 发生转变时比热发生了跳跃式突变，并且在 T_c 以下 c_s 随温度变化的规律显然与 c_n 不同了。对其他金属超导体的比热也有类似的实验结果。这个结果告诉我们，在金属向超导态转变后，金属内的自由电子气，可能发生了异乎寻常的变化！可是它们到底发生了什么变化呢？

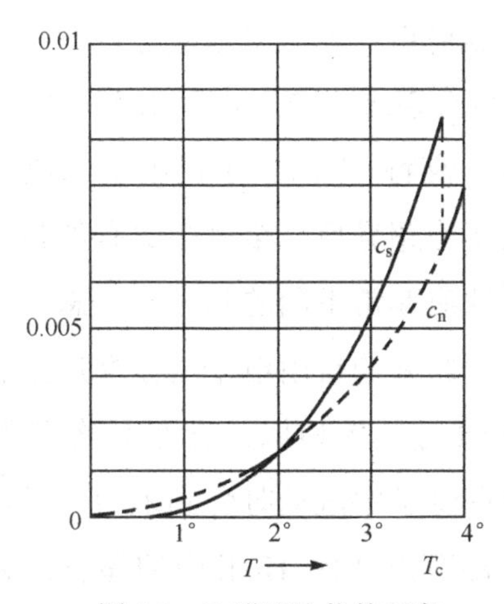

图 2.2　T_c 附近比热的跃变

二流体模型

在从微观上弄清超导现象的原因之前，人们曾根据实验事实对超导现象做出了一种初步解释。它对帮助人们深入认识超导现象起了一定的作用，这里就来谈谈二流体模型。

前面列举的实验事实，使人有理由设想从正常金属向超导态转变后，金属内的自由电子气发生了某种本质变化，这可能是什么样的变化呢？

第一章已经说过零电阻现象，这里还可以补充一个有趣的“永久”电流实验，有人曾把一个超导圆线圈放在磁场中，然后把温度降到 T_c 以下，再把磁场突然去掉，根据电磁感应原理，我们知道在超导线圈中要产生感应电流，在正常金属情况下，这感应电流很快就衰减为零了，这是因为正常金属有电阻的缘故，但是超导线圈里的这个感应电流居然在经过几年的时间中也难以发现它有丝毫衰减，这真是令人想象不到的事（图 2.3）。“永久”电流实验（或零电阻现象）可能预示着：在金属过渡到超导态后，其中的自由电子气可能发生了与液氦 λ 相变类似的变化，可以想象其中一部分电子变成“超流电子”了，这些“超流电子”和正常金属中的自由电子气不同，可以在晶格点阵中无阻地流通，而由于电子是带电的，所以它的畅通无阻就会表现出前述电流永不衰减的现象。

经过多方研究，高特-卡西米尔提出了二流体模型。二流体模型认为，一旦金属变为超导后，金属中原有的自由电子气就开始有一部分“凝结”到性质非常不同的超导电子态（或称超流电子态）了。这种超导电子和原来的自由电子气在性质上有本质的不同，如前所述，自由电子气与气体相似，它在晶格点阵中运动时受到阻力，如同普通流体在管子中流动时受到阻力一样。但是处于超导电子态的那部分电子却有点儿像 He II 中的超流，它在晶格点阵中行动完全自由，畅通无阻。已经变成超导体后，随着温度的降低，超

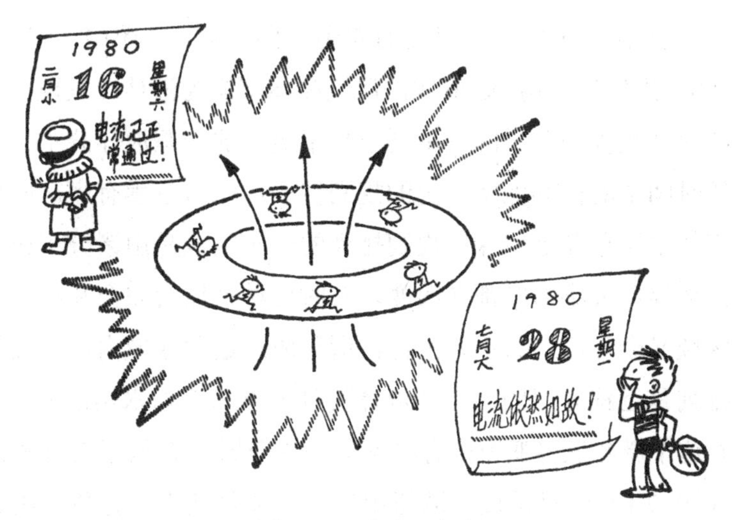

图 2.3 “永久”电流

导金属中有越来越多的电子参加到超导电子的行列中来（凝聚），温度越低，它就越占优势，在趋于热力学温度 0K 时，所有的电子都凝聚到超导电子态了。

一提到凝聚，大家自然会想到日常生活中的物态变化，寒冬来临时，地处寒带的江河结冰了；在夏天闷热的酷暑中，空气中含着许多水蒸气，当一股冷空气掠过时，它们凝结成无数水滴，下起了瓢泼大雨。北方小孩子在夏天盼望着游泳的日子，到天气一冷就盼望着湖水结冰的那一天，他们又可以滑冰了。从水蒸气凝聚为水，从水再结成冰，这种物质三态的变化和人类生活有着密切关系，给我们的生活带来多样影响。另外，你可以试着想象一下这微观原子世界中的动荡，从汽→水→冰的过程中，在水的分子世界（以后称为微观世界）里又发生了多少激烈的变迁啊！在水蒸气里，你若能追踪一个分子时，你会发现，如果在一个分子前进的道路上没有障碍，它会以每秒几百米的速度直线奔驰，但是每一个分子周围都受到无数邻近分子的阻挡，它和其他同伴不断地碰撞，向前开辟自己的道路。整个气体所有分子的这一幅微观世界图景是多么没有秩序（无序）啊！当水蒸气凝结成水时，这个微观世界就变得比较有秩序了。我们可以用一个平面图表达气体液体这种有序程度的差别（图 2.4）：图中（a）为液体，（b）为气体，用 X 射线法研究晶体熔解为液体时发现，在很小范围内（线度与分子间距离同一数量级）的一些液体分子，在一个短暂时间中的排列保持一定的规则性，这叫做近程有序。应该注意，液体中这种能近似保持规则排列的微小区域是由诸分子暂时形成的，边界和大小随时都在改变，有时这种区域会完全瓦解，有时新的区域又会形成，但不管怎样，所形成的这种区域内部，液体分子的排列是近程有序的。当从液体变到固体（例如水结冰）时又怎样呢？这个微观世界变得很有秩序了，各个原子有秩序地排成晶格点阵（图 2.1），只是这个队伍中每一个成员还在一定位置附近来来回回地做小振动，它们还有点儿不太“安分”，不过终究是成了“一体”。这样看来，日常物质三态变化所看到的凝聚现象，从微观原子世界看来是一种普通空间位置上的凝聚，各原子在位置上越来越有秩序，终于结成一个晶格点阵了（无序→有序）。

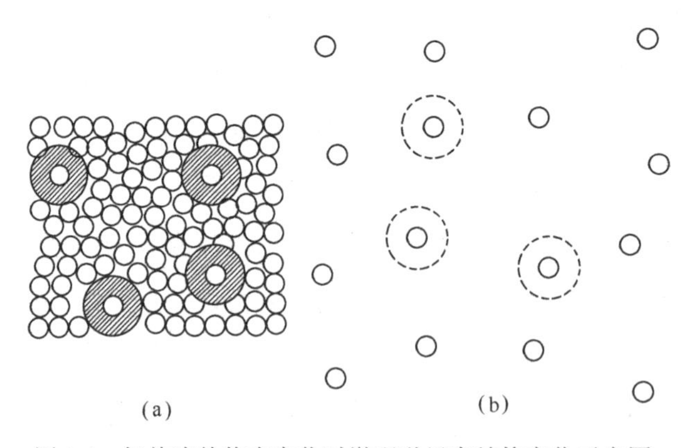

图 2.4　气体液体物态变化时微观世界序结构变化示意图

至于谈到上面说的电子气凝聚为超导电子态，当然也是一种从无序到有序的过程，不过这不是位置上的凝聚，而可以说成是速度（或动量）凝聚吧。打个比方说，一个小学校里正在下课休息，在操场上有好多小朋友到处跑啊跳啊，向四面八方奔跑着，突然上课铃响了，你会看到什么现象呢？这些孩子都同时迅速朝（比如说）

一个教室跑去，在这过程中他们的速度大体是一致的，而相比之下刚才在操场上玩时，他们的速度岂不是杂乱无章的吗？而现在他们在速度上比较有秩序了（图 2.5）。在速度（或动量）上变为某种有序态就叫做“速度凝聚”（或动量凝聚）。当电子气的部分电子进入超导电子态时，超导电子和正常电子气在空间位置上仍占据同一体积，在空间互相混杂渗透在一起，但是，超导电子态比起正常自由电子气来仍是凝聚为有序的新态了。从二流体模型看来，这种有序是由于某种速度（或动量）凝聚造成的[①]。所以当金属一旦进入超导后，金属内的电子就出现了两种物态（以后称之为两个相），一是正常自由电子相，一是超导电子“凝聚态”，或称“有序态”。在下节，我们将说明这种二流体模型可以解释许多超导体性质。

图 2.5　超导体从正常态变到超导态时，其电子序结构变化

① 这种观点首先是由伦敦提出的。1950 年 F.伦敦（Fritz London）在其一本有关超导的名著中提出：超导体是“一种宏观尺度上的量子结构，是电子的平均动量分布的固化或凝聚”（见 F.London：Superfluids，Vol.1 § 25）。

但是，究竟超导电子“凝聚态”是怎么回事？为什么产生这种新的态，我们留待第三章再作介绍。

以二流体模型为基础说明超导的几个实验事实

凡是提出一个物理模型总要有一定的实验事实根据，并且能用这模型解释一些实验事实，下面定性地在二流体模型的基础上解释几个主要的实验。

一是电子比热实验。如图 2.2 已经表明，在超导态（即 $T<T_c$）时电子比热随温度变化的关系发生了显著改变，在 T_c 附近 c_s 比 c_n 大，这怎么解释呢？按照比热的定义，它表示当温度降低（或升高）一度时，每单位质量的物质所放出（或吸收）的热量。从二流体模型看来，当温度高于超导临界温度时，金属中的电子都是正常电子，而一旦温度降到 T_c，就有一部分电子开始“凝聚”到超导电子态，于是正常电子数就开始减少。如以 N 表示电子总数，N_n（T）表示当温度为 T 时正常电子数，则 $\frac{N_n(T)}{N}$ 就表示当温度为 T 时，正常电子占总电子数的百分比，在 T_c 以下，随着温度的下降，这个百分比逐渐减小，如图 2.6 所示。当金属在 T_c 以上时，金属中的电子全是正常电子，这时电子比热的来源无非是正常电子由于温度降低而放出它们多余的内能；而一旦到了 T_c，就有一定百分比的电子开始“凝聚”到超导电子这种较低能量的有序新态了，它们将不再参与“无序”过程；与此相应，电子比热的来源除去仍然存在的正常电子的上述贡献外，当降温时，与正常电子“凝聚”到有序的超流电子相应，还释放出一定能量，这就使得在 T_c 附近超导态的电子比热 $c_s>c_n$。

在二流体模型的基础上也可以解释直流电阻为零的现象。在超导体中永不衰减的直流电流是由超导电子承担的，超导电子既然如超流氦一样可以无阻地通过晶体，那么自然就表现出零电阻现象了。

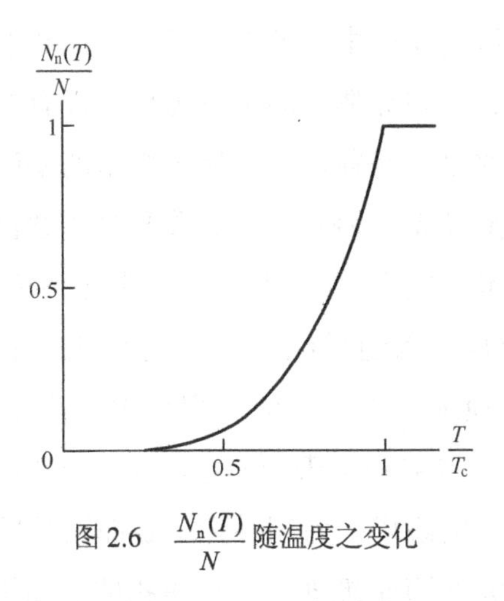

图 2.6 $\frac{N_n(T)}{N}$随温度之变化

有的读者可能会问在二流体模型中，当 $T<T_c$ 时，不是还有一部分正常自由电子气吗？它们似乎应使金属表现出还有一定电阻呀？对这个问题的回答是：在直流电这一特殊情况下，全部电流都是由超导电子输运的。对此可以初步解释如下：在直流电情况下，超导体中的电场强度必然是零，否则的话，电场就要不断加速超导电子而使电流随时间无限增加了；实际上，由超导电子担负起来的稳恒电流，是不需要电场力推动的；另一方面，正常电子的定向流动是要受到阻力的，而在超导体内部电场为零的情况下，没有电场力推动正常电子，那么正常电子只能被迫完全退出产生电流的电子行列了。图 2.7 为示意图。其中手拉手的双人表示超导电子，而单个的人表示正常电子。

图 2.7 超导电子和正常电子

我们知道电流是要产生磁场的，但是前面我们曾指出超导体有完全抗磁性，那么，超导体中的电流为什么没有在超导体内部引起磁场呢？为了说明这个问题，在二流体模型的基础上，伦敦提出了新方程。我们在图 2.8 中画出了从正常导体引线流入超导线的电流分布情况，这是伦敦方程的结果。在正常导体引线内，电流是均匀分布的。而一旦进入超导线，超导电流只分布在超导线表面附近的薄层内，其他地方没有电流。根据电流产生磁场的右手定则（图 2.9），图 2.8 超导体下表面的电流在超导体内部产生方向垂直于纸面由里指向外的磁场；而超导体上表面层的电流在超导体内部产生的磁场方向是垂直于纸面由外朝里指的。如果超导线是个圆柱体，那么，圆柱体表面层的各电流都可以像这样一对一对地分别在超导体内部产生方向相反的磁场，其总效果将使超导体内部的总磁场为零，这就是第一章所说的完全抗磁效应。由此看来，完全抗磁效应并不排除在超导体表面一薄层内有电流及磁场分布，这个被磁

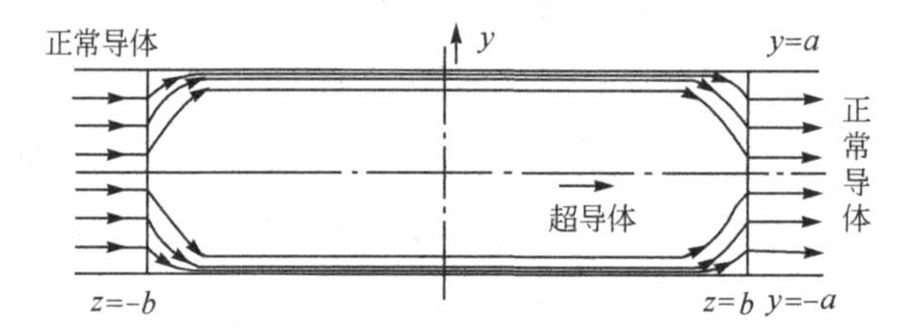

图 2.8　超导体内电流分布

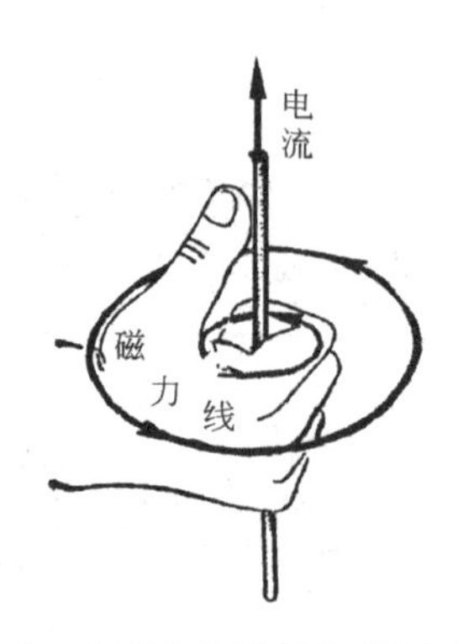

图 2.9　电流产生磁场的右手定则

场穿透的表面层叫穿透层，它很薄，厚度（今后用λ表示）大约只有十万分之一厘米。在这深度以内的超导体内部就没有磁场了（B=0）。伦敦方程的这一结果完全为实验所证实。我们前面谈过，当超导体中流有直流电流时，超导体内部并无电场。事实上，超导体内的电流分布是由磁场决定的，即电流分布必须恰使超导体内部B=0（除穿透层以外）。

卡西米尔设计了一个测量上述磁场穿透深度的巧妙方法，如图2.10所示。取一个圆柱形超导体，设其半径为R，而$R \gg \lambda$。若圆柱体的长度比R大得多，则可近似地将它看成是无限长的。在这超导体上绕两个线圈（图2.10），假设初级线圈是无限长的，每米有n匝，次级线圈的总匝数为N；显然两个线圈之间的互感系数应与超导体内磁穿透深度有关。卡西米尔利用这种方法，测出了磁穿透深度值，从而从实验上证实磁穿透深度的存在[①]。

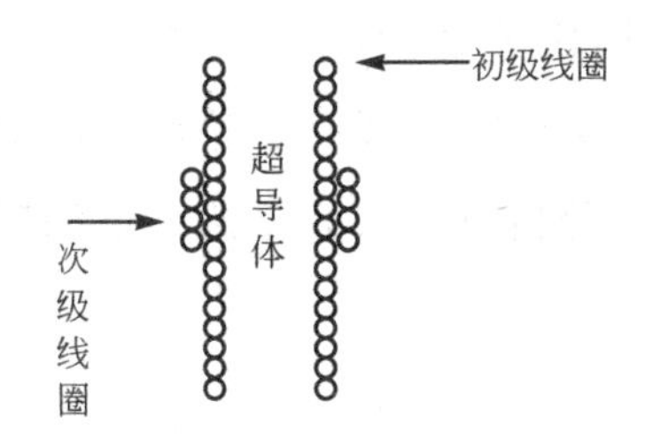

图 2.10　测量磁场穿透深度的方法

超导体电动力学

在二流体模型的基础上，伦敦兄弟建立了超导体电动力学。没有学过经典电磁理论（电动力学）的读者们，对于本节所给出的一些公式可能感到陌生，这不要紧，你可以定性地看一看、想一想这里提出的问题就行了。到此为止，我们一方面把超导体这个新物态介绍给读者，一方面又多次用经典电磁理论来讨论一些问题。细心的读

① 详见《超导物理学》，章立源、张金龙、崔广霁著，电子工业出版社，1995年出版。

者可能会问：在超导体这个新境界中，经典电磁理论还正确吗？

这个问题提得好！一般地说，每当遇到新情况时，对于从老的事物中得出的规律都应该存有戒心，持有一些怀疑，切忌毫无顾虑地照搬，哪些还有效？哪些需要修改？这是应从实践中用心揣摩的问题，而且这个探索过程常是丰富有趣富有成果的。当然，我们不妨事先做出一些分析、判断，再拿去与实验比较。就刚才提到的问题而论，我们知道，电动力学的基本方程组是由麦克斯韦方程、边界条件和物质方程组成的。麦克斯韦方程和边界条件对真空、导体、电介质、磁介质都成立，只是在不同情况下物质方程不同而已。例如在导体中通正常电流$\boldsymbol{j}_n$时，物质方程是

$$\boldsymbol{j}_n=\sigma\boldsymbol{E}$$

σ 为电导率，$\boldsymbol{E}$ 为电场强度，$\boldsymbol{j}_n$ 为正常电流密度。可以预期，当进入超导体这个新物态时，对于超导电流而言，其物质方程肯定要改变。伦敦兄弟正是抓住了这一点，考虑到在超导态的基本实验事实，在二流体模型的基础上，建立了超导体电动力学的。在此我们不讲伦敦兄弟的具体分析过程，只是给出他们提出超导体的两个方程（伦敦方程）

$$\frac{\partial\boldsymbol{j}_s}{\partial t}=a\boldsymbol{E}$$

$$\nabla\times\boldsymbol{j}_s=b\boldsymbol{B}$$

其中 $a=\frac{n_s e^2}{m}$，$b=-\frac{n_s e^2}{m}$，n_s 为超导电子密度，e、m 为电子电荷和质量，$\boldsymbol{j}$ 是超导电流密度。超导体中总电流密度 $\boldsymbol{j}$ 为

$$\boldsymbol{J}=\boldsymbol{j}_s+\boldsymbol{j}_n$$

$\boldsymbol{j}_n$ 为正常电子电流密度，假设它仍服从 $\boldsymbol{j}_n=\sigma\boldsymbol{E}$ 的规律。

可以从伦敦方程以定量计算来讨论零电阻及超导体内磁场与电流分布等问题，例如对于学过微积分的读者来说易于看到，在直流情形，应有 $\frac{\partial\boldsymbol{j}_s}{\partial t}=0$，但伦敦方程告诉我们 $\frac{\partial\boldsymbol{j}_s}{\partial t}=a\boldsymbol{E}$，由此必有 $\boldsymbol{E}=0$，

从而应有 $j_n=\sigma\boldsymbol{E}=0$，这正是本章中定性解释的：在直流情形，全部电流是由超导电子贡献的，因而表现出零电阻性质。经过实验检验，现在已经肯定伦敦方程和原麦克斯韦方程、边界条件及正常金属物质方程一起是超导体电动力学的核心部分，反映了超导体电磁性质。事实上，穿透深度λ首先是伦敦理论所预言的。

第三章 揭开超导之谜Ⅱ

二流体模型虽然可以解释一些超导现象，但是那种奇异的超导电子究竟是什么？它是怎样产生的？这个谜底还是没有揭开。它使许多物理学工作者费尽心血，人们细心地倾听实验的点滴音响，提出理论设想，对实验进行理论分析。许多人进行了艰巨勤奋的努力，终于在 1957 年由三个美国物理学家解决了这个问题，这已是在卡末林·昂内斯发现超导现象以后近 50 年了。在这半个世纪里，除了前面谈过的零电阻现象，迈斯纳效应以及电子比热方面的规律外，在 20 世纪 50 年代初又相继发现了同位素效应、超导能隙。这些关键性的发现提供了揭开超导起源的线索，解决问题的时机成熟了！本章先谈谈同位素效应和能隙，然后再讲这“千呼万唤始出来”的谜底。

同位素效应

我们已经知道，从物质的微观结构来看，金属是由晶格点阵及共有化电子构成的。在这个微观世界里，各个“成员”之间的关系是复杂多端、千变万化的。然而，概括地讲则有三大类的相互作用：电子和电子之间的相互作用，晶格离子与晶格离子之间的相互作用，电子与晶格离子之间的相互作用。那么，是哪一种相互作用对产生超导电性起了决定性的作用呢？同位素效应对这个问题给了启示。

大家知道，任何化学元素的原子都是由原子核和绕核运动的电子所组成，而原子核则由中子和质子所组成。质子数决定了该元素在元素周期表中所占的位置。例如元素氦（^{4}He）在元素周期表中占第二位，它的原子核中有两个质子（即质子数是 2），两个中子，氦核外有两个电子。从荷电量来讲，由于每一个质子电量为$+e$（$e=1.602\times10^{-19}$ 库仑），中子不带电，所以氦核带正电 $2e$，而核外电子带负电，大小也是 $2e$。质子数相同而中子数不同（从而原子量不同）的元素在元素周期表中占同一位置，具有同样的核外电子壳层，同样的化学性质，但有不同的原子量，具有不同的物理性质，叫做该元素的不同的同位素。如氦同位素 ^{3}He 的原子核具有两个质子一个中子；铅（Pb）有五种天然的、稳定的同位素，原子量分别为 202，204，206，207 和 208；汞（Hg）的质子数是 80，它有七种天然的、稳定的同位素，原子量分别为 196，198，199，200，201，202 和 204。由于一个元素各种同位素的稳定性不同，每种天然存在的元素中各同位素所占的百分比就有不同，即所谓天然丰度不同。

元素转变为超导体的临界温度 T_c 是元素的一种物理性质，它和同位素有什么关联没有呢？1950 年麦克斯韦和雷诺兹等两组美国物理学工作者同时分别发现：超导体的临界温度与同位素的质量有关，同样一种元素，所选的同位素质量较高，那么临界温度 T_c 就较低。以汞为例，我们在图 3.1 中显示了一些实验结果。通过改变不同同位素的混合比例可以改变组成晶格点阵的离子的平均质量 M。图中各条实验曲线与横坐标轴的交点就是超导转变临界温度 T_c（参见第一章图 1.10，$T=T_c$ 时 $H_c=0$）。从这个图可以清楚地看出 T_c 的同位素效应。定量分析表明有下列关系

$$T_c \propto M^{-\beta}$$

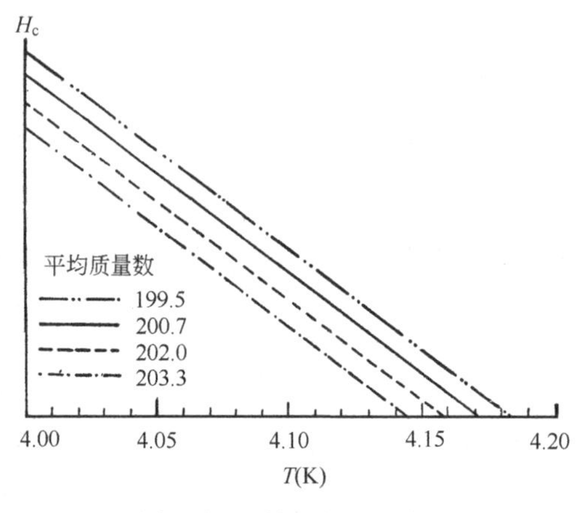

图 3.1　T_c 的同位素效应

β 为正数，表 3.1 中列出了一些元素的 β 值。对于汞，$\beta \approx \frac{1}{2}$，所以有

$$T_c \propto \frac{1}{\sqrt{M}}$$

表 3.1　元素的 β 值

元　素	β
Cd	0.40
Hg	0.504
Pb	0.478
Sn	0.505
Tl	0.49
Zn	0.5
Os	0，0.21
Mo	0.33

T_c 的同位素效应对我们了解超导现象的本质有什么启发呢？上面谈到在不同的同位素中电子分布是相同的，但是，组成晶格点阵的离子平均质量（M）的不同，无疑会使晶格点阵运动性质不同。这样看来，T_c 的同位素效应表明：共有化电子向超导电子“有序态”转变的过程反映着晶格点阵运动性质的影响。我们必须顾及晶

格点阵运动以及共有化电子两个方面。这就从实验上启示人们，电子与晶格离子点阵之间的相互作用可能是决定超导转变的关键因素。当然，这个设想还有待于进一步证实。可以基于这一设想从理论上想办法处理超导现象的各方面，如果这个理论能在许多方面得出与实验一致的结果，那么就可以说，这个预想被证实了。

超导能隙

在 20 世纪 50 年代，无论是实验物理工作者还是理论物理工作者都日益认识到在超导体电子能谱中存在着能隙。为了说明这个问题，我们谈一点预备知识，谈谈能级这个概念。

大家知道，在 20 世纪 20 年代建立了量子力学。把量子力学应用于原子问题中，我们遇到了一个与经典物理学全然不同的现象：在原子内部，电子的能量不能连续地变化，而只能做跳跃的变化，我们把这叫做能量的量子化。图 3.2 画出了氢原子的能级图，这个图的纵轴代表能量，而每条水平线代表电子的一个状态的能量，叫做一个能级。能级越低就表示电子被原子核束缚得越紧，图中最下面的能级具有最低的能量，称为氢原子基态。每一氢原子只有一个电子，当它处于这具有最小能量的能级时是最稳定的。基态上面各能级是各种激发态，当原子受到辐射的照射或其他粒子的碰撞等外

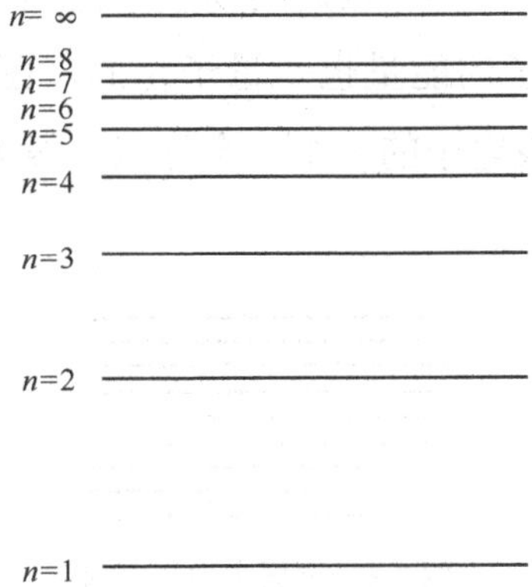

$n=\infty$
$n=8$
$n=7$
$n=6$
$n=5$
$n=4$
$n=3$
$n=2$
$n=1$

图 3.2　氢原子的能级图

界激发时，电子可以吸收一定的能量跳跃到能值较高的受激状态（激发态）。一个很有意思的情况是那些没有画线处的能量值是“禁止”电子具有的。打个比喻，这好像儿童游戏场的爬梯，孩子一玩爬梯，他们在普通空间的位置就不能随便了，小孩只能站在爬梯的一根一根横木上。

当把许多原子彼此趋近而结合成为晶体时，情况变得更复杂一些，但能量量子化的现象仍然存在。这时每一个原子中的电子除了受本身原子核的作用外，还要受其他原子核及电子的库仑位能影响。为解决金属中的电子问题，1928 年索末菲提出了金属的自由电子模型。索末菲把金属中的电子看做是在具有一定深度的势阱中运动着的自由粒子；打个比方，如地面上挖了一个很深的坑，坑底是平的，在坑底有许多小球自由运动着，这就是上面说的一定深度的势阱的形象。当然金属中的电子所在的势阱是库仑电势能的势阱，金属中的电子由于受原子核及其他电子的库仑相互作用而具有库仑电势能，索末菲模型就是假设电子所受的库仑电势能在整个金属内部都是一个常数，而因为电子只能在金属内部运动，如要把电子从金属内部移在金属外部必须做相当的功，所以在金属内部电子的势能应比在金属外电子的势能低，于是提出了具有一定深度的势阱的概念。设想电子在金属内部能自由运动（自由电子），并进一步假设势阱是无限深的，对这一问题是易于求出其量子力学结果的。结果表明，金属中电子的能量也是量子化的，图 3.3 是其能级示意图，图中各横线代表电子的一个一个能级，纵方向表示能量增加的方向。

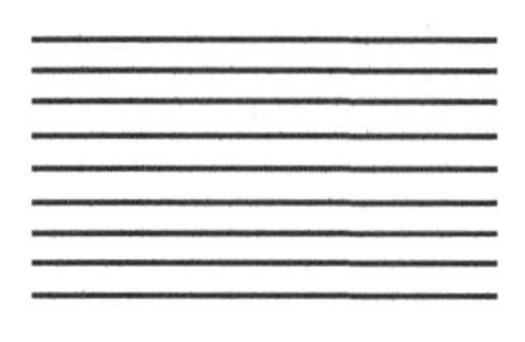

图 3.3　金属中电子能级

金属中共有化的电子怎样去占据那一系列能级呢？这里有另一个量子力学中的原理起作用了。这就是泡利不相容原理。这个原理说：在同一系统内不可能有两个或两个以上的电子处在完全相同的量子状态。形象地说，如果某一量子态已被一个电子占据，那么其他电子就不能再占据那个态了，电子彼此间好像互相“排斥”、“回避”似的。现在我们看图 3.3，这是一个示意图。由于泡利不相容原理，金属中的电子并不能都跑到最低的能量状态上去，那里只能被两个自旋相反的电子所占据（这两个电子能级一样，但自旋相反，所以是两个量子状态）。第三个电子必须进占到一个较高的能级上去，依此类推，随后的电子一个一个地只能进占那些还没有被占据的能级。这样，电子的能量只能越来越高，动能越来越大。因为金属中自由电子数目很多，它们会去占领一个一个越来越高的能级。在绝对零度下，让金属中的电子占领一个又一个越来越高的能级，那么最后占领的能量状态（能级）就称为费米能态（或费米能级），以后用 E_F 表示这一能级值。由于金属中的电子数很多，所以 E_F 可达 10 个电子伏特的数量级，这能量很大，相当于在 100 000K 下一个电子平均具有的热运动能量。图 3.4（b）是上述情况的示意。注意，在绝对零度下费米能 E_F 以下的能级完全被电子所填满，而 E_F 以上的能级完全空着，没有被电子占领，这就是正常金属的基态。

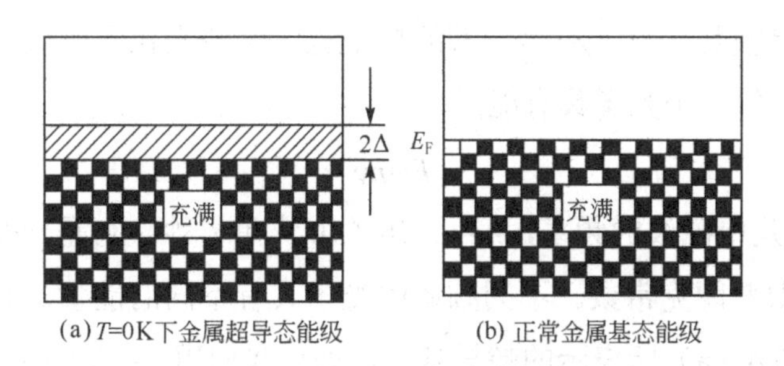

图 3.4　超导的电子能谱

在 20 世纪 50 年代，许多实验表明，当金属处于超导态时，超导态的电子能谱与正常金属不同，图 3.4（a）是一张在 T=0K 下的示意图。这电子能谱的显著特点是：在费米能 E_F 附近出现了一个半宽度为 Δ 的能量间隔，在这个能量间隔内不能有电子存在，人们把这个 Δ 叫做超导能隙。在绝对零度，能量处于能隙下边缘以下的各态全被占据，而能隙以上的各态则全空着，这就是超导基态。

图 3.5　超导电子跃迁到能级激发态成为正常电子

证明存在超导能隙的实验很多，这里只简单讲一下超导体对电磁波的吸收实验。大家知道爱因斯坦提出了光子理论。这理论认为，电磁波是一粒一粒运动着的粒子流。这些光粒子叫做光量子或称光子。每一个光子具有能量

$$E=h\nu$$

其中 ν 是电磁波的频率，$h=6.626\times10^{-34}$ 焦·秒，它是一个普适常数，叫做普朗克常数。不同频率的光子具有不同的能量。现在再看一看图 3.4（a）所表示的超导基态。如果我们用 $h\nu>2\Delta$ 的光子（即频率为 ν 的电磁波）照射超导体会发生什么情况呢？可以预期，与光电效应相类似，这时超导电子态就由于吸收一个光子的能量而被

破坏，跃迁为正常电子态了。这就是说，存在一个由决定的临界频

$$h\nu_0=2\Delta$$

图 3.6 超导电子吸收光子能量跃迁为正常电子态

率 ν_0，当用频率超过 ν_0 的电磁波照射到超导体上时，与超导体对低频电磁波的吸收行为不同，这时即使在 $T\rightarrow 0K$，超导体对电磁波的吸收仍不为零。ν_0 处于电磁波的远红外区域；在 20 世纪 50 年代，实验技术已可以检测在远红外区的低辐射强度，于是出现了很多实验工作。大量积累的实验结果完全肯定了超导能隙的存在。

时机已经成熟

由于许多物理学家在近半个世纪中辛勤劳动成果的积累，到 20 世纪 50 年代，揭开超导之谜的时机已经逐渐酝酿成熟，应该是瓜熟蒂落的时节了。总结前面讲过的许多超导现象的实验规律，使人

认识到面临的问题是：

（1）在超导金属中的导电电子肯定发生了深刻的变化，这种深刻变化表现在电子能谱中出现了能隙，能隙大约是 10^{-4} 电子伏特的数量级。

（2）在发生超导转变的前后，虽然晶格本身没有什么变化，但是同位素效应表明，晶格在建立超导电性上肯定起着重大作用，这特别是指电子和晶格间的相互作用起了某种至关重要的决定性影响。

（3）从正常金属态向超导态的转变应是一种“动量凝聚”现象（见第二章）。在以下三节中，我们将分节详细说明这几方面的谜底。这里给读者先介绍一点儿有历史意义的往事①。

1972 年，全世界许多人都以尊敬的目光注视着美国科学家巴丁在这一年再度获得诺贝尔奖，成了世界上唯一的两次获得诺贝尔物理奖的人。这一次他是和两位年轻的物理学家库珀和徐瑞弗共同获得的，正是他们三个人一起最后揭开了超导之谜的。现在通常把他们所建立的超导微观理论称为 BCS 理论。

巴丁多年来一直在钻研超导问题，也获得了不少进展，但始终没有能揭开谜底。在 20 世纪 50 年代库珀当时不到 30 岁，得到博士学位不久，他所熟悉的领域是量子场论，巴丁看到库珀熟悉的量子场论方法在统计物理和超导问题中有用，就特请他从美国东部来到中部一起工作。当时徐瑞弗刚从美国麻省理工学院毕业，正在巴丁那里当研究生。巴丁拿出 10 个物理问题供他选择，并建议他做第 10 个问题——超导，他去征求另一位老师的意见，这位老师问他：“你今年多少岁？”他答：“二十岁多一点儿”。这位老师就说：“那浪费一两年还不要紧”。可见超导问题解决之难。从此三个人就在一起工作，决心攻克超导之谜。徐瑞弗描述当时的环境说：搞理论的有各种各样的人，搞原子核物理、场论、固体物理的等，常常三三两两在一起讨论，有什么问题很容易找到答案。有时

① 见《自然杂志》1978 年 5 月创刊号第 47 页。

即使在旁边听听别人的讨论，也受益匪浅。在食堂里又可遇到搞实验的、搞理论的，为了相互交流，一顿饭常吃上一两个小时。当时，他与巴丁、库珀讨论问题的机会就更多了。

1956 年库珀首先做出了贡献，他抓住能隙问题下手，运用量子力学理论，他提出了：在某种吸引力作用下，金属中两电子能组成电子对。就像两个原子组成一个分子一样。这种电子对以后就称做库珀对。在库珀电子对概念提出以后，关于超导基态的难关，在一个下午终于被年轻的徐瑞弗突破了，他得到了绝对零度时的正确答案。但他自己还拿不准，连库珀也没有把握，而老科学家巴丁一看之后，立即激动地说："行了！行了！在这里了"。在徐瑞弗工作的基础上，三个人继续苦干了几十天，终于建立了超导微观理论。于 1957 年发表了论文，这就是著名的 BCS 理论。1972 年他们一起获得了诺贝尔物理奖。拖延半个世纪之久的物理难题终于解决了。下面让我们给读者初步介绍一下这个超导之谜究竟是怎么回事？

电子–晶格相互作用

电子与晶格离子之间的相互作用是怎么回事？它又怎样成为超导电性的关键因素？为了说明这些问题，先要了解一下晶格点阵的运动形式。在第二章我们讲过金属晶体中的正离子组成了晶格点阵。由于组成晶格的各离子间都以一定作用力相互联系着，所以整个晶格点阵是一个整体，其中任意一个离子的运动都将影响其周围离子的运动，而周围离子的运动又会反过来影响该离子的运动，这就是说，晶格离子的运动彼此是互相关联的，它们是作为一个不可分的整体进行集体运动。这种情况自然使我们联想到波的运动形式。

我们不妨先简单回忆一下波的概念。如图 3.7，设想有一系列等距离排列的小球，1，2，3，…，彼此用弹簧相连构成一个很长很长的链条。假设质点 1 在力的作用下沿垂直于绳子的方向做受迫振动，当质点 1 离开平衡位置向上运动以后，链条就发生了形变，这样就产生了使质点 2 随着向上运动的弹性力，同样，质点 2 向上运动以后，又将产生使质点 3 随着向上运动的弹性力等等，于是，振动就在链中传播开来。图 3.7（a）～（f）中分别表示当质点 1 的振动经过 $\frac{1}{4}$ 周期，$\frac{1}{2}$ 周期…… $\frac{5}{4}$ 周期时，振动传播开来引起其他各质点振动的情况。由于振动状态向越来越远的质点传播，看起来就好像凸起和凹下的状态在向前“移动”。这种振动状态的传播就叫波，而图 3.7 所表示的这种波叫横波，这时各个质点的振动方向与振动状态传播的方向相垂直。而图 3.8 所示振动的传播则是纵波，在纵波情形，质点振动方向与振动状态的传播方向相同。

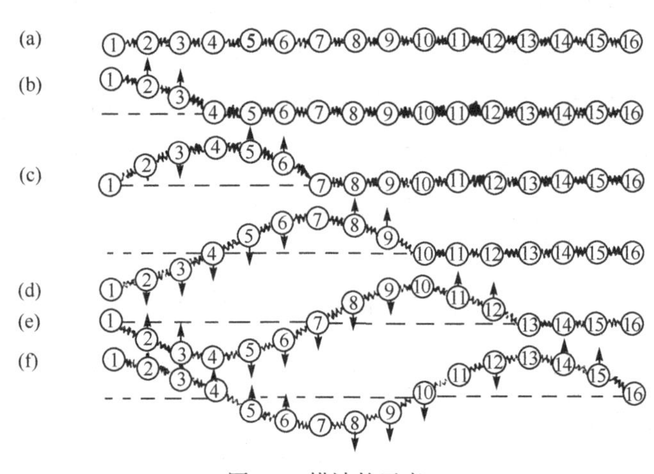

图 3.7　横波的示意

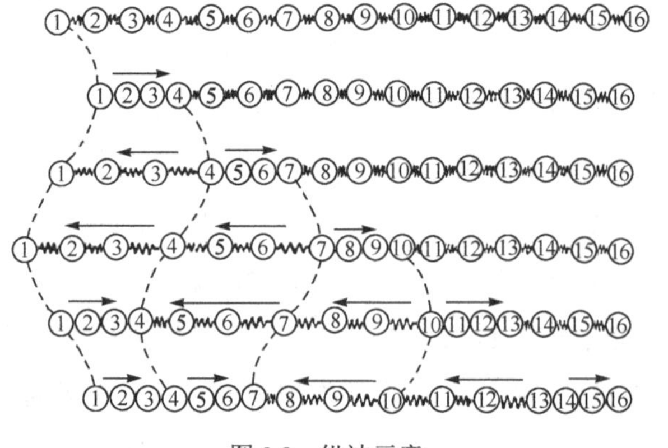

图 3.8　纵波示意

现在再想想弦的振动，大家知道，在两端固定并张紧的弦线上很容易激发横驻波。当你去拨弄一根张紧的弦时就会观察到驻波的现象。在弦上形成驻波时，弦上始终不动的那些点称为波节，振动的振幅最大的那些点叫做波腹。相邻波节（或相邻波腹）之间的距离等于半波长。由于弦的两端固定，该处必然为波节，因此弦长只能是驻波半波长的整数倍，即弦线长度 L 与弦线上可能发生的驻波的波长 λ 必须满足下列关系

$$\frac{L}{\frac{\lambda}{2}}=n\ （n\text{ 为整数}）$$

这可称为边界条件。如果引入 $k\equiv\frac{1}{\lambda}$，那么上式也可以说成是，k 只能取 $\frac{1}{2L}$ 的整数倍，即 k 不能连续地任意取值。

有了以上的预备知识后，现在可以定性地想象一下晶格点阵的振动情况了。先设想由一种原子等距离（间距为 a）排列成一维晶格点阵，这一维点阵的两端边界就相当于上面弦线两端的固定点，它与上述弦线不同之处在于，处理弦线问题时一般把弦线设想为连续的物质分布（弹性介质线），而一维原子链上各原子则是间断的物质分布。但若考虑波长比原子间距 a 大得多的情形（长波长极限），那么这时自然可以把一维原子晶格点阵近似当作连续的弹性介质考虑，这叫连续弹性介质近似，事实上德拜就是对三维晶体做连续弹性介质处理的（德拜近似）。三维简单晶格可以认为是在 x，y，z 三个互相垂直的方向上都像一维原子链那样重复周期性排列。在德拜近似下得出，晶格点阵中有两种晶格振动（格波），一为纵波，波的角频率 ω 为

$$\omega\equiv2\pi\nu=2\pi C_l k$$

另有横波，其角频率

$$\omega\equiv2\pi\nu=2\pi C_t k$$

其中 C_l，C_t 分别为纵波及横波波速。纵波只有一种振动方式，即在

传播方向上的振动，横波有两种振动方式，即与传播方向垂直的两个互相垂直的振动。与上面弦振动的边界条件道理相似，可以证明 k 只能取一系列不连续值。对应于不同 k 的纵波、横波频率取值也不同。

通常引入一个叫波矢的物理量，它是一个矢量，这矢量的大小即是 k（$\equiv\frac{1}{\lambda}$），矢量的方向表示波的传播方向，以 $\boldsymbol{k}$ 表示它。在德拜近似中各种不同波矢 $\boldsymbol{k}$ 的纵波和横波形成了晶格振动（格波）的不同模式。

当波矢 $\boldsymbol{k}$ 一定时，格波能量的增加也是按一份一份的能量增加的，这与光子情况一样（见本章），这一份能量的大小为 ε

$$\varepsilon = h\nu = \frac{h}{2\pi}2\pi\nu = \hbar\omega$$

ω 即格波频率。称晶格格波的能量子（一份能量）$\hbar\omega$ 为“声子”。声子的动量 $\boldsymbol{p}$ 与波矢 $\boldsymbol{k}$ 的关系为

$$\boldsymbol{p}=\hbar\boldsymbol{k}$$

（在理论讨论中常采取一种单位制，在其中 $\hbar=1$，于是 $\boldsymbol{p}=\boldsymbol{k}$。今后我们在谈及声子动量时也就直接写 $\boldsymbol{k}$ 了。）在“声子”的语言中谈电子——晶格相互作用就用电子、声子相互作用。

图 3.9 是电声子相互作用示意图，带箭头直线示意一个电子的到来或离去，类似地用波纹线表示一个声子。图 3.9（a）表示一个原来动量为 $\boldsymbol{k}_1$ 的电子放出一个动量为 $\boldsymbol{q}$ 的声子变为一个动量为 $\boldsymbol{k}_1'$ 的电子，电子被声子散射前后动量守恒

$$\boldsymbol{k}_1-\boldsymbol{q}=\boldsymbol{k}_1'$$

图 3.9（b）则表示一个电子吸收一个声子的散射过程。

弗列里希、巴丁等人建议超导电性起源于电子晶格相互作用。可以这样来设想由于电子晶格相互作用电子所受到的散射（从 k_1 态跃迁到 k_1-q 态）：如图 3.10 所示，当电子 A 经过晶格离子时，由于异号电荷的库仑吸引作用，在晶格正离子点阵内会造成局部正电

荷密度的增加；这种局部正电荷密度的扰动（“骚动”或称极化）

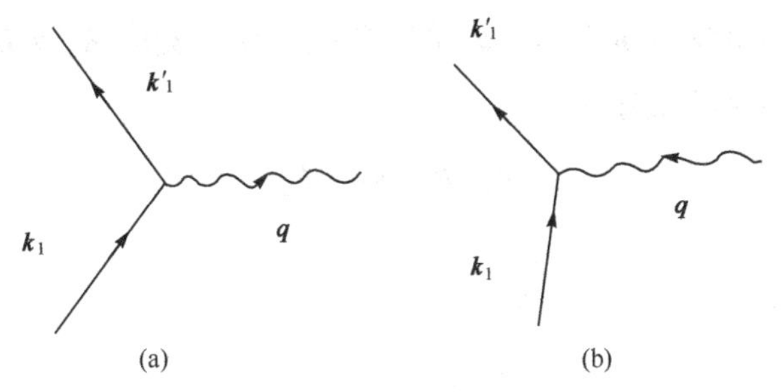

图 3.9　电声子相互作用

会以格波的形式传播开来，这传播的扰动又会反过来影响第二个电子（比如图中 B 点）；这种两个电子通过晶格振动发生的相互作用是一种强迫振动，根据强迫振动理论可以预期，在适当条件下，振动可与强迫力同相位，这时晶格点阵离子能即时地靠拢电子，造成局部正电荷有余，结果对另一电子就产生了吸引作用。这可以说是由第三者间接引起的两物体间的相互作用，以后称间接相互作用。

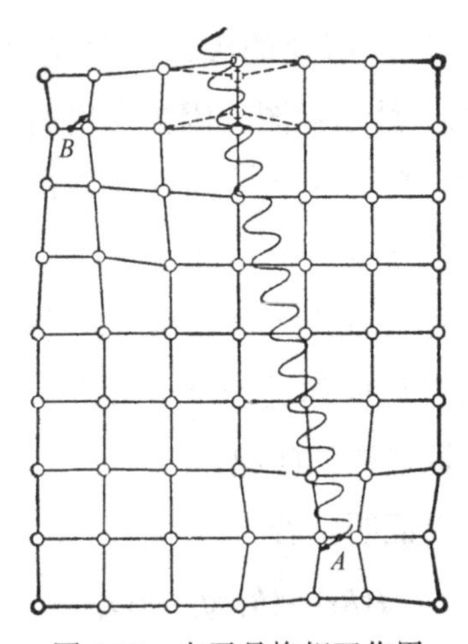

图 3.10　电子晶格相互作用

上面讲过晶格格波可用声子语言来描述。从一种形式的观点来看，导致超导电性的电子与晶格之间的相互作用可以想成是声子的虚发射和再吸收。如图 3.11 所示，对于能量在费米能附近的那些电子来讲，一个动量为 $\boldsymbol{k}_1$ 的电子放出一个动量为 $\boldsymbol{q}$ 的声子（声子频率

为 ω_q），而这个声子又几乎立即被第二个电子 $\boldsymbol{k}_2$ 所吸收，结果第一个电子动量变成 $\boldsymbol{k}_1'=\boldsymbol{k}_1-\boldsymbol{q}$ 第二个电子动量变成 $\boldsymbol{k}_2'=\boldsymbol{k}_2+\boldsymbol{q}$；在整个过程中满足动量守恒

$$\boldsymbol{k}_1+\boldsymbol{k}_2=\boldsymbol{k}_1'+\boldsymbol{k}_2'$$

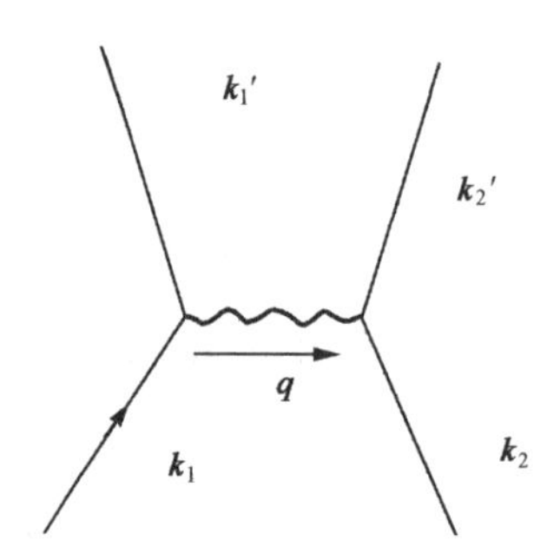

图 3.11　电子的虚发射

为什么把这里的声子发射叫虚发射呢（或称虚声子）？读者如果学了量子力学就会知道，量子力学在处理粒子相互作用问题时有一种叫微扰论方法，这里所谈的虚过程只是对微扰论的示意，图 3.11 是二级微扰项的一种示意图。因为这里的二级微扰项在数学上和量子力学里处理粒子间真正散射的理论公式十分相似，所以用这个图示意超导电性中电子间的间接相互作用十分方便，因而就把这里发射和吸收的声子称为虚声子了。限于本书目的，对虚过程就讲到此程度。或许它可以促成你进一步学习量子力学的兴趣，在那以后可以再来深入钻研这里谈的问题。

量子力学计算可以证明，若

$$\varepsilon(\boldsymbol{k}_1)-\varepsilon(\boldsymbol{k}_1-\boldsymbol{q})<\hbar\omega_q$$

则上述交换“虚声子”的总结果可以使两个电子间产生一个吸引作用。当然电子间原存在的电性排斥作用（库仑排斥作用）仍然存在，问题是在一定条件下这种由传递虚声子所引起的吸引可以超过电子间的库仑排斥力，这时就会在电子间出现一定的净剩的吸引相互作用。

库珀电子对

为了能形象地给读者介绍库珀电子对的概念，我们还要了解一点儿有关动量空间及费米面概念。本章我们已经介绍过正常金属的基态，并说明了费米能。为了形象地表示正常金属的基态，我们引入动量空间。取三个互相垂直的坐标轴 k_x，k_y，k_z，如图 3.12，这里 k_x，k_y，k_z 分别表示金属中一电子在互相垂直的 x，y，z 方向的动量分量，设一电子的三个动量分量具有一定值（k_{x1}，k_{y1}，k_{z1}），那么这个电子的动量状态就可用图中的矢量 $\boldsymbol{k}$ 来代表。$\boldsymbol{k}$ 的三个分量分别为 k_{x1}，k_{y1}，k_{z1}，这就是动量空间的概念。

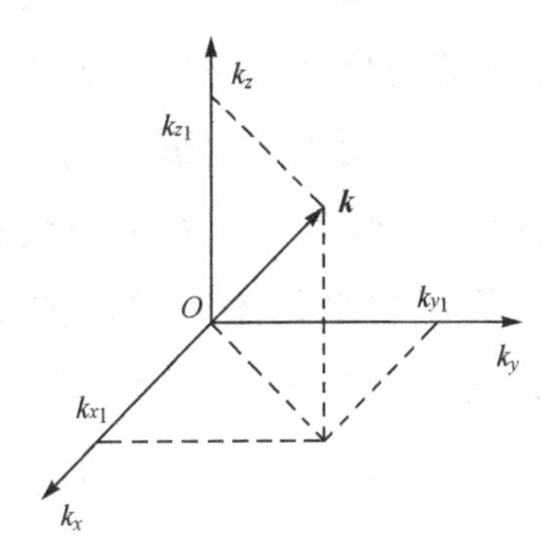

图 3.12　电子的动量空间

金属中电子的动量与能量的关系可用下式表示（自由电子模型）

$$E=\frac{k^2}{2m}$$

其中 $k^2=k_x^2+k_y^2+k_z^2$ 是电子的总动量，m 是电子的质量，由此可见，若电子的能量越高，它的动量也就越大。与费米能 E_F 对应的费米动量 k_F，由下式决定

$$E_F=\frac{k_F^2}{2m}$$

或写为

$$k_F^2=2mE_F$$

由此可见，当 E_F 一定时，费米动量 k_F 就一定，如果在动量空间以

k_F为半径画一个球（图 3.13（a））那么，正常金属在 T=0K 的情况下（即正常金属基态），在动量空间中，凡是 $k<k_F$ 的状态（球内）都被电子占据了，而 $k>k_F$ 的状态（球外）全空着，这个球常称为费米球，相应的球面是费米面。所以有了动量空间的概念后，我们常形象地想象这样一个费米球作为正常金属的基态，这时这个费米球内充满了电子，又常称“费米海”。

库珀是怎样着手解决超导体中电子存在形式的问题呢？库珀这样提问题：在上述被金属中的电子所充满的费米球上，若再额外加两个电子，那么，这两个电子将处在什么状态呢？为使问题简化，他假设“费米海是寂静的”，这就是说，假设费米海的各个电子并没有因为这两个外来“客人”而引起变迁或动荡，它们仍牢牢地守在各自原来的岗位（量子状态）上，库珀这样的假设当然会与事实有出入，但使用了这个假设后，只要考虑两个电子（外来“客人”）就行了，整个费米海中为数众多的电子只是提供一个背景罢了，这就把本来是困难得多的多体问题（金属中很多电子再加上外来的两个电子）化为二体（两个外来电子）问题了，显然，这个二体问题的结果会为解决超导的多体问题开辟道路。

按照泡利不相容原理，既然金属中的众多电子牢牢地守住“费米海”，那么，这两个外来电子就只能去占据那些 $k>k_F$ 的空着的量子态。如果这两个外来“客人”彼此完全独立，互不相关，那么，它们似乎就只是占据着一定的态罢了，若这两个外来“客人”彼此间有微弱的相互作用，那么它们就有一定的机会去占据一系列可能的状态，如图 3.13（b）所示的 $\boldsymbol{k}_1$，$\boldsymbol{k}_2$ 或 $\boldsymbol{k}_1'$，$\boldsymbol{k}_2'$ 等等，但是，不管两个电子彼此如何多次散射，从而改变了状态，它们的总动量总是应该守恒的，即

$$\boldsymbol{k}_1+\boldsymbol{k}_2=\boldsymbol{k}_1'+\boldsymbol{k}_2'=\cdots=\boldsymbol{K}$$

图 3.13（b）中表示了这一点。

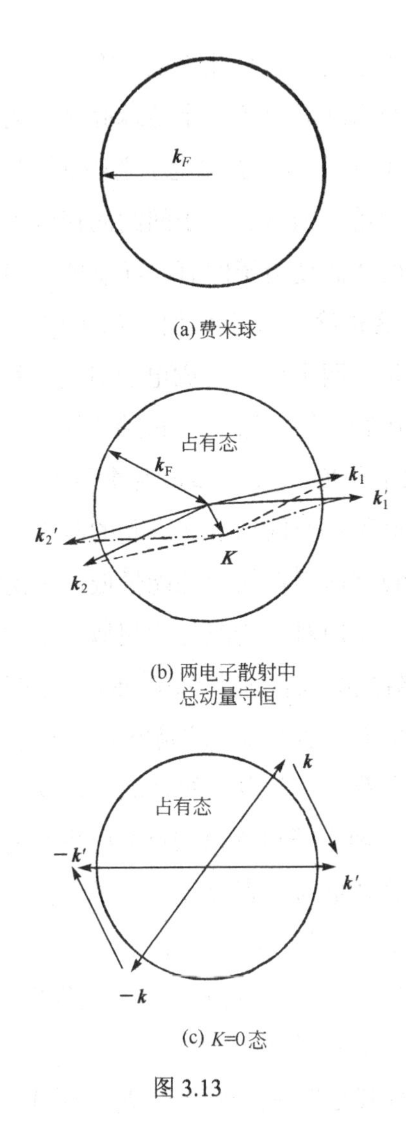

(a) 费米球

(b) 两电子散射中
总动量守恒

(c) K=0态

图 3.13

当两个电子间具有第四节所讲的吸引作用时，根据上节讲的，这要求

$$\varepsilon(\boldsymbol{k}_1)-\varepsilon(\boldsymbol{k}_1-\boldsymbol{q})<\hbar\omega_q$$

现在的问题是要电子能量能满足这一条件同时又恰在费米能之上取值，所以自然假设能量 $\varepsilon(\boldsymbol{k}_1)$，$\varepsilon(\boldsymbol{k}_1-\boldsymbol{q})$都在费米能之上$\hbar\omega_L$的能量范围内。这里 ω_L 是表示能标志晶格特征的某种平均声子频率，相应的声子能量是$\hbar\omega_L$；有时也用$\hbar\omega_D$表示，ω_D 叫做德拜频率。$\hbar\omega_L$的

大小是费米能的万分之一。与此相应，在动量空间中讲，这也就是假设当电子处在费米球面附近一个薄球壳区之内时两个电子之间有吸引作用，如图 3.14 所示。当然电子之间还有库仑斥力，但当电子与晶格的相互作用足够强时，电子间的间接吸引作用可能胜过电子间的库仑排斥作用从而使电子间有一净剩的吸引作用。库珀证明：如果电子间存在这种净的吸引作用，结果它们能够形成一个束缚态，这种束缚态是，两个电子组成电子对偶，称之为库珀对。实际的库珀对并非局限在很小的空间，而是扩展在 ξ ～10^{-4} 厘米的空间宽度上，称 ξ 为相干长度。大家知道两个氢原子可以组成一个氢分子，这时两个氢原子在空间结合在一起的状态（可称为束缚态）比两个氢原子彼此独立地存在的状态能量低，于是氢分子就是一种稳定存在的状态了。库珀对的情况与此相似，不过上述氢分子中两个氢原子间的距离数量级只有 10^{-8}～10^{-7} 厘米，相比之下，这比库珀对的空间宽度 10^{-4} 厘米要小得多，这是不能与氢分子完全相比之处。

从动量空间来看，设两电子的总动量为 $\boldsymbol{K}$，库珀的工作表明，当总动量 $\boldsymbol{K}=0$（且两电子自旋也相反）时束缚能最大，从而这时对偶的能量最低。总动量为零表示两个电子动量方向相反，大小相等［见图 3.13（c）］。因此，从动量空间来看一库珀对的两电子所涉及的量子态是动量大小相等、方向相反、自旋也相反的那些对态，它们在这样的各种可能的对态间连续地发生散射。处于这种情况的库珀对比两个电子“各行其是”时的能量（$2E_F$）要低，因而更稳定。

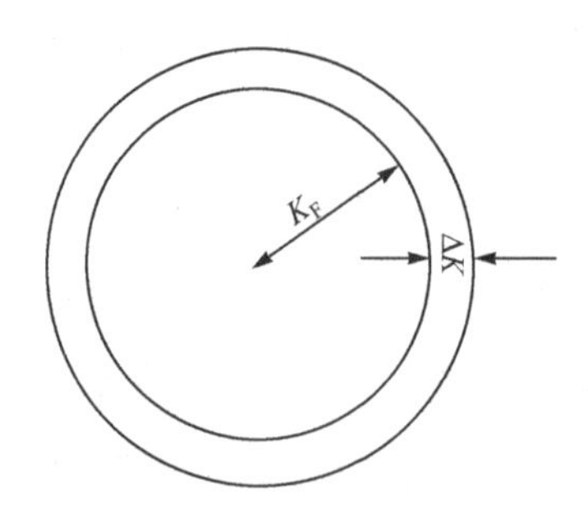

图 3.14　动量空间中两电子具吸引作用的薄球壳区

库珀电子对的概念使得约半个世纪以来多少物理学家梦寐以求的超导物理图像出现了豁然开朗的线索，顶峰已经隐约可见了！下一个难关是多体问题，在金属中的多电子（而不是两电子）系统中，是否存在着束缚电子对集合态的现实前景？

超导基态——T=0K 的超导体

在金属中每立方厘米的体积内约有 10^{23} 个导电电子，库珀的计算中只考虑两个相互有净吸引作用的电子，所以库珀问题虽然很具有启发性，但并没有解决超导问题，在 1957 年巴丁、库珀、徐瑞弗发表的论文中表明了如何把库珀的简单结果推广到金属中的多电子问题。

对于金属中的多电子问题，我们不妨先作如下的设想，库珀问题中是把外来的两个电子加到处于绝对零度下的金属中去，得出了束缚电子对的结果。库珀问题的实质是探索了费米面附近的电子在吸引相互作用下将发生什么。设这两个电子是原来金属中的两个电子，处于费米面附近（$k \leqslant k_F$），两电子动量方向相反，自旋相反。可以预期，在适当条件下，这两个电子也会形成束缚电子对，促使能量降低。这就是说如果从费米球球面附近取去两个电子，并使它们形成库珀电子对，就可以降低能量。但是，如果能使一对电子形成束缚对，那么其他电子也可以照此办理，从而能进一步降低能量，于是正常金属原来的费米球就完全不稳定了。

BCS 超导微观理论的基本假设就是认为：正常金属原来在动量空间的费米球不再是超导基态，而在这费米面附近的薄层内原来的那些态都按一定方式以电子对态占据，因为这样的状态分布比起费米球分布来能量更低，值得注意的是，在超导基态（T=0）中，在费米面附近，无论 $k<k_F$ 或 $k>k_F$ 的那些对态（$k_i\uparrow -k_i\downarrow$）都有一定的被占据概率。可以形象地说，从动量空间的动量分布看来，超导基态具有模糊的费米球面，而正常金属处于基态时，在动量空间中电子分布的费米球是截然地把电子占据的态和未被占据的态分开的，超导基态则缺乏这种截然的不连续面。

按照 BCS 超导基态的图像不难理解第二章所说的“动量凝聚”现象，因为在超导基态中，费米面附近的电子组成了库珀电子对，各库珀对中单个电子的动量（速度）可以不同，但每个库珀对总是涉及各个总动量为零的对态，所以在动量空间中可以说，所有库珀对都“凝结”在零动量上。在第二章我们讲到二流体模型，认为在超导体中有超导电子、正常电子两相。现在从 BCS 微观理论看来，这就相当于库珀电子对和激发的单电子。在 $T=T_c$ 发生从正常金属向超导转变时，就开始形成了一些库珀电子对。

在本章讲超导能隙时，我们讲过当频率为 ν_0 的电磁波照射到超导体上时，就被显著吸收。从 BCS 理论看来，要拆散任何一个库珀对都需要能量，当光子的能量达到 $h\nu_0$ 时，它的大小已足以把库珀对拆散了。图 3.15 用图比喻了这种情况。当一库珀对被拆散时形成了两个单电子（或说激发了两个准粒子），本章写的公式是 $h\nu_0=2\Delta$，从 BCS 理论看来，Δ 表示激发一个准粒子所需的最小能量。要拆散一个库珀对就产生了两个准粒子，其所需最小激发能为 2Δ。BCS 理论上导出

$$2\Delta(0)=3.50kT_c$$

图 3.15　库珀电子对被光子拆散

其中 k 是玻耳兹曼常数。这和实验结果一致，BCS 理论甚至能得出 Δ 随温度的变化关系（图 3.16），这已为实验所证实。

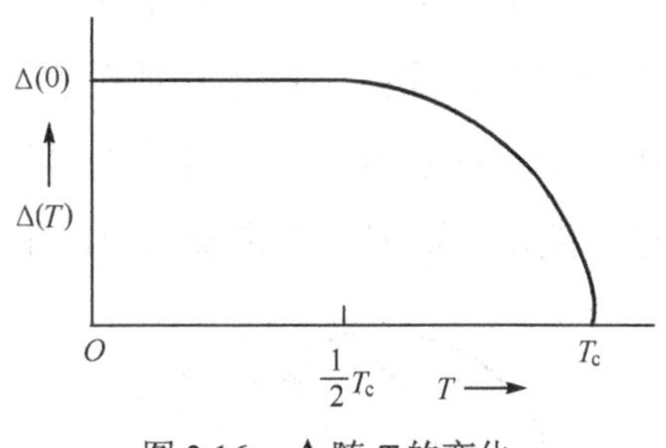

图 3.16　Δ 随 T 的变化

由于导致库珀对的原因是电子与晶格相互作用，BCS 理论的计算可以部分地解释同位素效应的结果。事实上 BCS 理论得出了一个 T_c 公式

$$kT_c = 1.14\hbar\omega_D \exp\left[-\frac{1}{N(0)\ V}\right]$$

$-V$ 标志对间相互作用强度，N（0）表示电子在费米能处的态密度。理论表明 $\omega_D \propto M^{-\frac{1}{2}}$，所以这一公式表明 $T_c \propto M^{-\frac{1}{2}}$，即理论预言同位素效应的指数为 0.5。

在 BCS 图像中如何解释零电阻现象呢？正常金属的电阻是由于电子被格波散射引起的。在超导体中，BCS 超导图像中很重要的一点就是库珀对总动量的一致性。上面讲到在没有电流时对态的总动量为零。可以设想另一种情况，每一库珀对所涉及的对态是

$$\left[\left(\boldsymbol{k}_i + \frac{\boldsymbol{P}}{2}\right)\uparrow, \left(-\boldsymbol{k}_i + \frac{\boldsymbol{P}}{2}\right)\downarrow\right]$$

这相当于动量空间的整个动量分布整体移动了 $\frac{\boldsymbol{P}}{2}$，如图 3.17 所示。这时对态具有的总动量为 $\boldsymbol{P}$，而且对所有的对态都一样。如果有一个观察者以速度 $\frac{\boldsymbol{P}}{2m}$ 运动，那么这个观察者所看到的情况和原来讨论过的总动量为零的情况是一样的。现在只是各电子整体在动，电流是由总动量为 $\boldsymbol{P}$ 的电子对传输的（这就是二流体模型中超流电子传输电流）。这些形成了库珀对的电子不断散射，但在散射

过程中总动量守恒，从而电流不变。这就是超导电流无阻的原因。再来看正常金属中的情况，那里“各行其是”的正常电子犹如一盘散沙，晶格点阵中正离子的热振动，使得这些“散兵游勇”步履艰难，消耗了电子运动能量，这就在正常金属中产生了电阻。

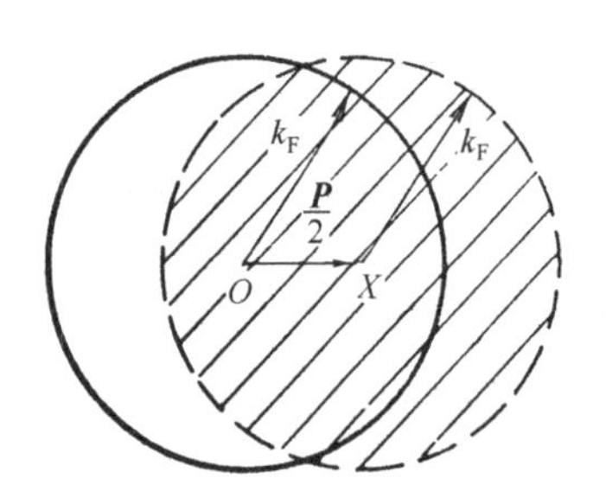

图 3.17　对态总动量为 $\boldsymbol{P}$

此外，BCS 理论对于迈斯纳效应，超导态的比热，临界磁场等都有详细计算，结果不但能定性说明实验结果，在定量上与实验也基本一致，这里就不一一列举了。

总之，经历了达半个世纪、花了不少物理学家心血的超导物理图像问题，终于取得了突破。这是许多人共同长期努力的结果，到了 20 世纪 50 年代，时机成熟了，巴丁等人最终攻克了它。他们因此在 1972 年获得了诺贝尔物理学奖。这使所有在这领域工作的人们都受到鼓舞，在人类认识宇宙中的千变万化的物质存在形式过程中，又登上了一个高峰。

第四章 第二类超导体

第二类超导体，奇妙的磁通线格子

正当 BCS 超导微观理论问世，似乎超导问题的研究已达顶峰的时候，1957 年，苏联物理学家阿布里科索夫发表了一篇著名的理论论文。他指出可能存在着具有不同性质的另一类超导体。

在第一章我们讲到临界磁场 H_c 的概念，当外磁场小于临界磁场 H_c 的时候，超导体内部 $B=0$（迈斯纳态，见图 4.1）。当 H 超过 H_c 时，超导电性突然消失，超导体进入正常态，导体内部的磁感应强度 B 不再是零，出现了正常金属所应有的磁感应通量（以后简称磁通量）。阿布里科索夫所指出的另一类超导体性质与此不同，如图 4.1 所示，当外磁场小于 H_{c1}（称为下临界磁场）时，超导体内的磁感应强度 $B=0$，超导体处于迈斯纳态；当外磁场超过下临界磁场 H_{c1} 时，即有部分磁通量穿入超导体内，超导体内的磁感应强度从零迅速增大；但是当外磁场远超过以前列举的 H_c 值时，这种超导体却没有完全变成正常导体，它仍能把一部分磁通量排斥于体外；这种情况一直延续下去，直到外磁场为 H_{c2}（上临界磁场）时超导电性才消失，体内磁感应强度就完全和正常态的金属一样了。这类超导体的主要特点之一就是有下临界磁场 H_{c1} 和上临界磁场 H_{c2}，当外磁场处于 H_{c1} 和 H_{c2} 之间时超导体的状态并不是迈斯纳态，但也不是正常态金属，我们称之为混合态（mixed state）。这类超导体在混合态下仍保持一定的超导电性，超导体中的超流电子也依然存在。只是当外磁场超过上临界磁场 H_{c2} 时零电阻现象才消失，体内也就不再存在超流电子了。这类超导体称为第二类超导体，以前讲过的超导体则叫第一类超导体。表 4.1 列出一些超导材料的 H_{c2} 值可以看出上临界磁场一般都很高。

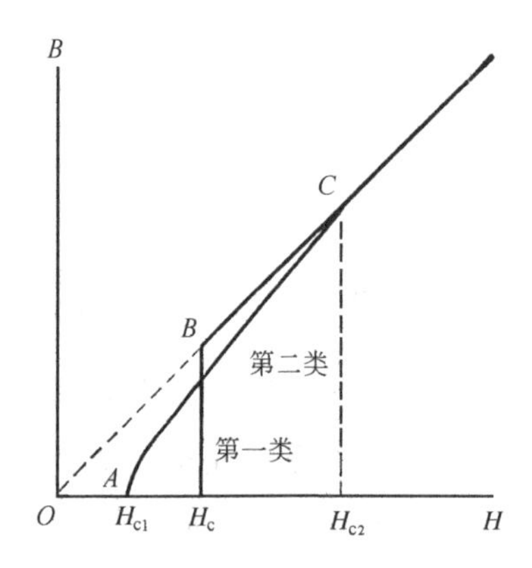

图 4.1　第二类超导体 B-H 特性

表 4.1　一些超导材料的上临界磁场

材　　料	H_{c2}（4.2K）（Gs）	T_c（K）
Mo_3Re	8400	10
Nb_3Sn	～200 000	18
$PbMo_{5.1}S_6$	515 000	14.4
Nb	2680	9.2

第二类超导体与第一类超导体本质上的差别究竟在哪里？请读者不要着急，我们将在本章以后各节陆续告诉大家。这里先给大家讲一点儿有趣的往事。早在 1913 年，昂内斯就尝试用铅（T_c=7.2K）绕制超导磁体，人们希望超导磁体既可以节省维持磁体所需的能量损耗，又能够达到较高的磁场，但实践发现，当磁场达到几百高斯后，超导电性就被破坏了。这是因为临界磁场 H_c 较低的缘故。当通入磁体的电流太大，使磁场超过了 H_c 的时候，绕制

磁体的金属线已不可能处于超导态，于是，上述“梦想”就归于失败。后来，人们发现，合金化可以增加临界磁场，例如，20 世纪 30 年代制成铅铋合金（后来知道它是一种第二类超导体），其临界磁场可达两万高斯，但由于当时用它绕制超导磁体也没有成功，所以对这些超导体并未深入钻研。不管怎样，人们在这些实践中还是不断发现某些超导体的超导性质出现“反常”，特别是不纯的金属及合金常是这样。人们当时只是简单地把这些现象归之于“杂质效应”。阿布里科索夫在 1952 年就得到了第二类超导体的理论，这理论事实上与上述实践中摸索的高临界磁场超导材料密切相关。特别是这理论对混合态的结构提出了一个图像，认为当超导体处于混合态时，超导体内的磁通线（或磁通线管）组成了一个二维的周期性磁通格子（与晶体中原子排成晶格点阵相似），如图 4.2。图中一个个整齐排列的圆柱体，表示有磁通线穿过的正常心，这些正常心排列成一种周期性的规则图案。各正常心的间距是 10^{-5}～10^{-4} 厘米之间，这是一种对超导体磁结构的全新设想。可是阿布里科索夫直到 1957 年才发表了他的论文。然而，即使在 1957 年，人们仍未能充分认识这个理论结果的重要性，当时，理论的预言没有直接被实验证实，人们对它认识不足。随着时间的推移，人们才逐渐认识到正是这个理论正确地解决了第二类超导体问题。在 20 世纪 60 年代，实验上直接观察到了这种奇妙的磁通格子。埃斯曼等人用极细的铁磁颗粒（直径约 5×10^{-6} 厘米）放在铅-铟合金样品表面上，再用电子显微镜观察，得到图 4.3 所示的图像。图中表示，由于磁性吸引，铁磁颗粒集中到正常心区。显然，铁磁颗粒聚集的区域就是磁通密度最大的区域。事实上实验结果还表明，磁通线格子周期地排成一种三角格子。磁通线排成三角“列阵”这是多么不可思议的事啊！然而，实验直接证实了它，自然界正是以其丰富多彩的千变万化来显示她不可抗拒的魅力的！这是怎么形成的呢？我们在下节就要谈谈它的原委。

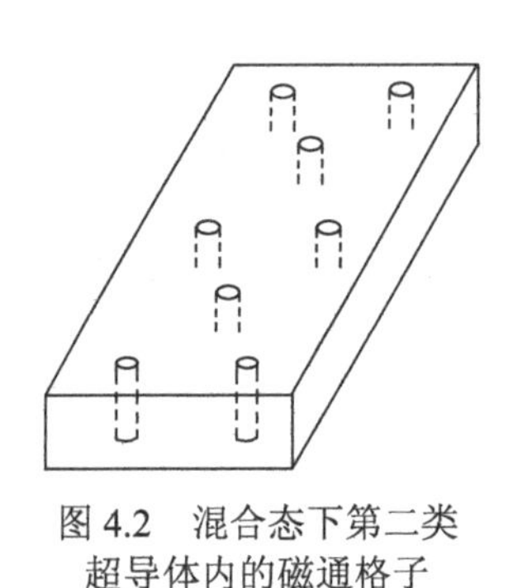

图 4.2 混合态下第二类超导体内的磁通格子

图 4.3 埃斯曼等人对铅-铟合金实验观察到磁通格子

界 面 能

阿布里科索夫所预言的磁通格子，自然涉及在第二类超导体内出现了一系列超导体和正常心的界面，因此，为了了解产生磁通格子的原因，必须首先了解超导体与正常金属交界处的界面能。让我们从简单的力学问题谈起。

俗话说："水向低处流"。从能量观点看来，这是由于在低处水的重力位能小，静止的物体总是有使其位能变为最小的趋势。又如图 4.4（a），把一本书竖立在桌上，它处于一种静止稳定状态。现在若把桌面稍加倾斜，则竖立的书将倾倒，经过一系列不稳定状态（图 4.4（b））最后平卧于桌上处于另一种静止稳定状态。从图中看出，在书倾倒的过程中书的重心逐渐变低，因而其位能变小，最后平卧于桌面上的书重心位置最低。这个例子也是说明静止物体之位能有变为最小的趋势。以图 4.4（c）和图 4.4（a）相比，两种状态都是静止稳定的，但其稳定程度又不同。通常可用其位能的大小来定一物体在力学上的稳定程度。在一定条件下，位能已为最小的静止态叫做稳定（力学）状态，如图 4.4（c）所示；像 4.4（a）那样位能并非最小的静止态叫做亚稳状态。

以上是讨论物体的力学状态，对于物体的热学状态是否稳定也有类似的规律，不过用以判断其稳定程度的能量形式不是位能了，

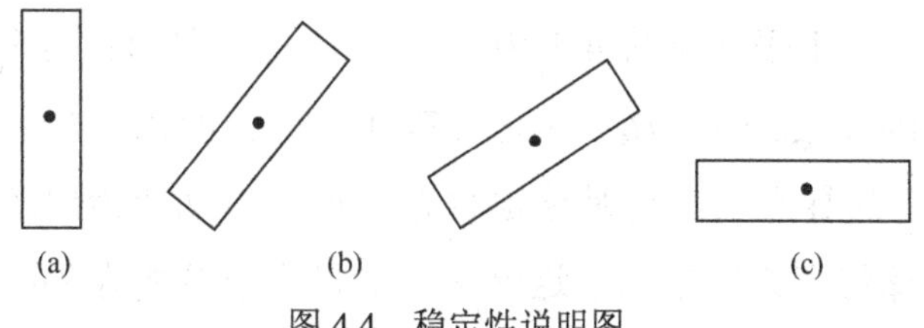

图 4.4　稳定性说明图

而是叫做自由能的能量形式。尽管判断稳定性所用的能量形式不同，但是对比力学情况，读者是不难初步理解热学状态稳定性问题的。图 4.5 就是一个例子，图中纵坐标为自由能（指每单位体积内的自由能，下同），横坐标为磁场 H。设想一很长的金属细棒，当 H=0，T<T_c 时，它处于超导态，若以 g_s（T=0，H=0）表示这超导态的自由能，它一定比正常金属态的自由能 g_n（T=0，H=0）小（注意：我们用下标 s 表示超导态，下标 n 表示正常金属态），否则，超导态就不能稳定存在而要变为正常态了。

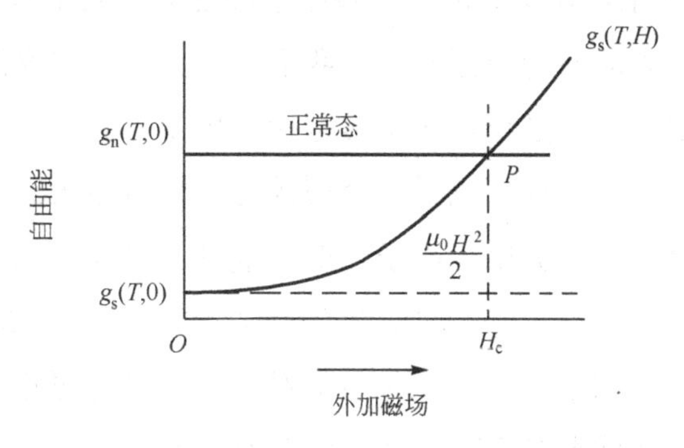

图 4.5　第二类超导体热力学稳定性

现在沿棒长方向加上外磁场。对于通常的铁磁物质来讲，在外磁场中要顺着外磁场方向磁化，自由能将进一步降低。但是，对处于超导态的超导体，它具有完全抗磁性，相当于负磁化效应，从而在外加磁场后，将使超导体的自由能增加。理论计算表明了如图 4.5 中所表示的 g_s（T，H）曲线。这曲线表示，随着 H 的增加，它的自由能增加的情况。外磁场越大，自由能增加得越多，最后当 H=H_c 时，处于超导态的超导体在磁场 H_c 中的自由能已经增加到和正常金属同一水平（见图 4.5 中 P 点。注意：普通正常金属磁化作用很小，因此 g_n（T，H_c）$\approx g_n$（T，0））。所以，当外加磁场超过 H_c 时，超导态就不再是稳定状态，正常态则变为比较稳定了，因而超导体将变为正常态。这就是从能量观点分析在外磁场中超导电性被破坏的问题。可以证明，在临界磁场 H_c 时，有

$$g_n(T,0)-g_s(T,0)=\frac{1}{2}\mu_0 H_c^2$$

其中 $\mu_0 \equiv 4\pi \times 10^{-7}$ 牛/安^2。这个式子表示在 $H=0$，$T<T_c$ 时，超导态自由能比正常态自由能低的数量。

现在考虑超导与正常金属界面能问题，为此需要对超导与正常金属交界面的情况有一个了解。如图 4.6 表示超导区域和正常金属区的交界面。在正常金属区，所有电子都是单电子，而在超导区域，一部分电子组成了束缚电子对（即超导电子），电子对的尺寸大约为 10^{-4} 厘米，在交界区，超导电子经过界面向正常区延伸，正常电子则经过界面向超导区延伸。我们知道，在正常金属区，电子对变得不稳定，这就是说进入正常区域的电子对趋向于分裂为两个单电子，离超导区越远，电子对分裂的可能性就越大。同样，进入超导区的单电子也有凝聚为电子对的可能性。这样看来，在超导、正常金属交界区，超导电子的密度必然要随空间位置（图 4.6 中坐标 x）而变化，可用 n_s（x）表示这随位置变化的超导电子密度。那么，这个变化区域有多宽呢？由于电子对内两电子间的距离是 10^{-4} 厘米左右，（即 ξ 见第三章），显然，n_s 的空间变化不可能很快，

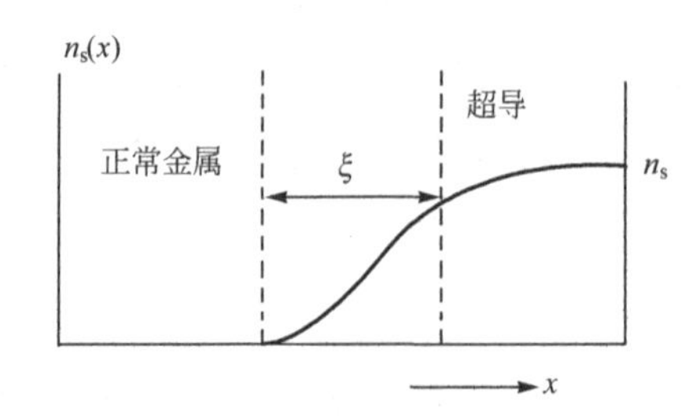

图 4.6 超导区域和正常金属区交界面的情况

只有在约 ξ 的尺度范围内 n_s 才有可能发生显著的变化。这样看来，上述超导与正常金属交界区的宽度不会比 ξ 更小。理论和实验都表明界面宽度是温度的函数，由下式决定

$$\xi(T)=\frac{\xi_0}{\sqrt{1-\left(\frac{T}{T_c}\right)^4}}$$

这就是说，在超导与正常金属交界区存在着一个宽度是 ξ（T）的交界区。图 4.7（a）定性表示了在这交界区内超导电子数的变化和磁场穿透进入超导区的变化情况。如第二章第三节谈过的。磁场穿透层的宽度以 λ 表示。

图 4.7（b）表示了在界面区自由能的消长情况，当由正常区进入超导区时，一方面随着电子有序程度的增加（电子对是动量空间的有序表现）自由能逐渐降低，并将在 $\xi(T)$的宽度上发生显著变化。另一方面，从正常区进入超导区时，由于完全抗磁性又要导致自由能的增加，这种能量增加是在 λ 的宽度内发生显著变化的，如果 $\lambda<\xi$（如图 4.7（b）），那么这两种对抗势力（一个使自由能减少，一个使自由能增加）净抵消的结果，导致在边界面附近总自由能的变化，如图 4.7（c）所示。这个图显示出一个重要的结果：当 $\lambda<\xi$ 时，在超导正常金属界面区表现出自由能的增加；我们可以说，在这种情况下，有正的界面能。在界面的每单位面积上，界面能的大小约为

$$\frac{1}{2}\mu_0 H_c^2(\xi-\lambda)$$

阿布里科索夫首先指出，在超导—正常金属界面区的界面能，可能为负值。这种情况发生在 $\xi<\lambda$ 的条件下。从图 4.8 易看出这一点。在以前讲的第一类超导体中（多数纯金属）ξ 约 10^{-4} 厘米，λ 约 5×10^{-6} 厘米，是属于 $\xi>\lambda$ 的情况，那里具有正的界面能。但是实验表示，有杂质的不纯金属以及许多合金化合物中 ξ 大为减小，

以致它们常常是 $\xi<\lambda$ 。

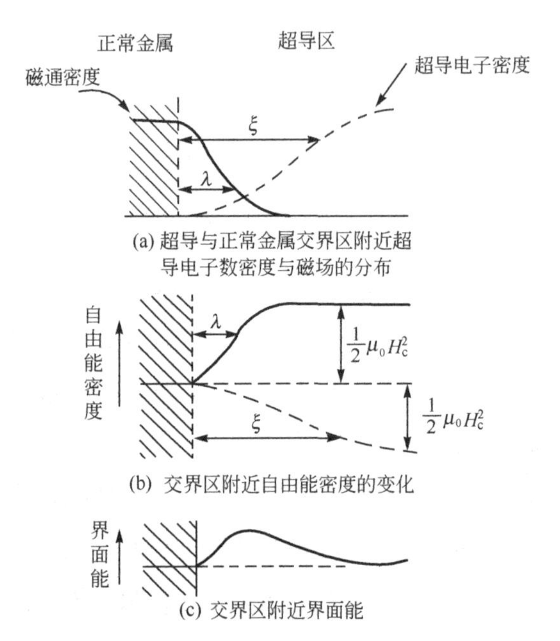

(a) 超导与正常金属交界区附近超导电子数密度与磁场的分布

(b) 交界区附近自由能密度的变化

(c) 交界区附近界面能

图 4.7　超导电子数的变化和磁场穿透进入超导区的变化

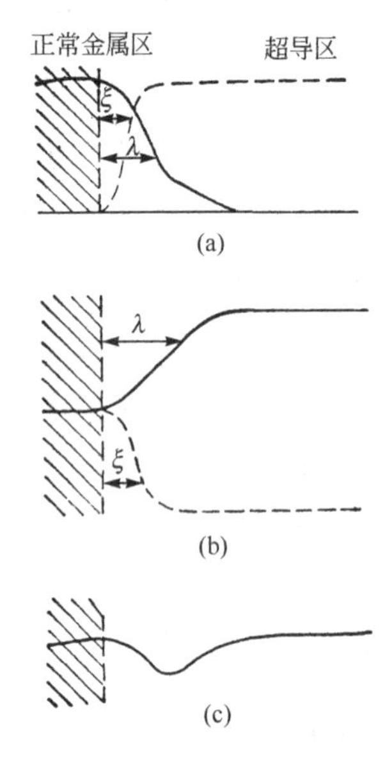

(a)

(b)

(c)

图 4.8　$\xi<\lambda$ 时负界面能的生成

通常定义一个量　，令

$$\kappa = \frac{\lambda(T)}{\xi(T)}$$

精细计算表明：

对第一类超导体有 $\kappa < \frac{1}{\sqrt{2}}$，

对第二类超导体有

$$\kappa > \frac{1}{\sqrt{2}} \quad (T \leqslant T_c)$$

在纯元素金属中只有铌、钒、锝三者属第二类超导体。

对具有负界面能的超导体来说，当它处于磁场中时，若在结构上变成一系列正常态和超导态交替出现的分布（即前述的混合态），则在能量上最有利。这是因为在正常态和超导态金属的界面区有负的界面能，从而会使整个超导体混合态的能量变低。这些正常心分布在超导体中，当正常区的表面积与其体积比率达到最大值时，能量最小，这种态就最稳定。这就是第二类超导体在 $H_{c1}<H<H_{c2}$ 之间出现混合态的原因。两类超导体的本质差异就在于界面能，如果界面能为正，那就是第一类超导体，如果界面能为负，那就是第二类超导体。两类超导体在电子有序的微观物理图像上（BCS 电子对）是没有差异的。

混合态究竟是怎么回事

我们已经初步明白了在第二类超导体中造成混合态的根本原因，现在让我们细致地观察一下磁通格子的微观情景吧！图 4.9（a）表示在外磁场作用下第二类超导体混合态的全貌，正常心与外磁场平行，在每一正常心中有磁通线穿过，磁通线方向与外磁场一致。每一正常心被涡旋超导电流所围绕，正是这涡旋超导电流产生和维持着正常心内的磁通线。显然，磁感应强度和涡旋超导电流的分布是轴对称的。此外，沿着整个超导样品的四周有逆磁表面电流，它使各正常心之间的区域内 $B=0$。

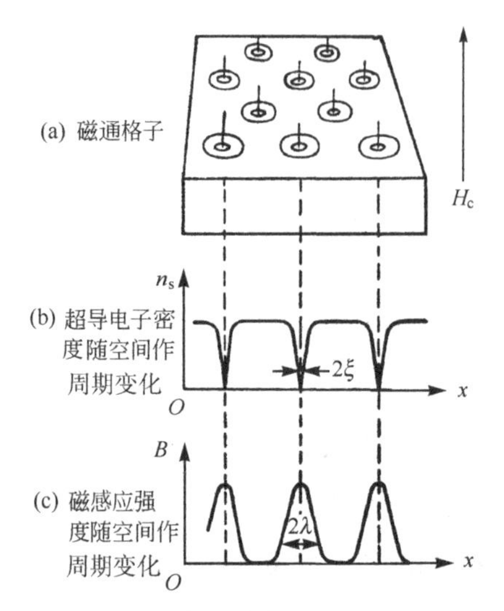

图 4.9　第二类超导体的混合态

第二类超导材料内的超导电子密度以及磁感应强度随空间做周期性变化，图 4.9（b）、（c）表示了这种情况。当趋近每一涡旋超导电流的中心时，超导电子密度 n_s 下降为零，磁感应强度 B 最大，从这里向外超导电子的密度逐渐增大，而磁感应强度 B 则逐渐减小。

图 4.10 以一漫画形象地示意第二类超导体混合态的磁通格子。图中一个个“楼房”表示磁通格子的正常金属心，在这里没有库珀对，所以图中用两个手拉手的小孩所比喻的库珀对（即超导电子）只能在这些“楼房”以外。

根据第二节所讲的界面能知识，由于在正常心附近超导电子（电子对）要分裂成正常电子，超导态的有序（动量凝聚）被破坏，从而导致能量的增加。作为初步近似可以预计，在每一正常心附近半径为 ξ 的圆柱体区域内，由于超导有序被破坏造成自由能的增加，为

$$\pi\xi^2 l\cdot\frac{1}{2}\mu_0 H_c^{\ 2}$$

其中 l 为圆柱体的长度。另一方面，在正常心附近，半径为 λ 的圆柱区域内，不具有完全抗磁性，于是导致磁场能是降低，约为

图 4.10　第二类超导体磁通格子示意

$$\pi\lambda^2 l\cdot\frac{1}{2}\mu_0 H_a^2$$

其中 H_a 为外磁场。两者相减后，如果自由能减小，也就是说若满足

$$\pi\xi^2 l\cdot\frac{1}{2}\mu_0 H_c^2-\pi\lambda^2 l\cdot\frac{1}{2}\mu_0 H_a^2<0$$

条件，就可以实现上述正常区和超导区的周期性分布（混合态）。当然外磁场可以变化，但是，实现混合态的必要条件就是：必须在 H_a 比 H_c 为小时就已经开始能实现了混合态，否则，在混合态未建立之前，H_a=H_c 的磁场将使整个超导体进入到正常态。从上面的式子可以看出，这个必要条件就导致 $\xi<\lambda$ 的条件，这正是上节讲过的产生负表面能的条件。

从上面的式子也可以理解存在下临界磁场的事实。对于一定的超导材料，ξ、λ 均一定（讨论 $\xi<\lambda$ 材料），那么，要想满足上述实现混合态的条件从而开始出现混合态，外磁场 H_a 显然需达到一个最小值 H_{c1}，而 H_{c1} 能使下列条件成立：

$$\pi\xi^2 l\cdot\frac{1}{2}\mu_0 H_c^2-\pi\lambda^2 l\cdot\frac{1}{2}\mu_0 H_{c1}^2=0$$

由此求得

$$H_{c1}\approx\frac{H_c}{\frac{\lambda}{\xi}}\approx\frac{H_c}{\kappa}$$

其中 $\approx\frac{\lambda}{\xi}$。注意对第二类超导体 $\xi<\lambda$，由此可以看出，下临界磁场 H_{c1} 必然比 H_c 小。这正好表示，在外磁场还未能使超导体进入正常态之前（$H<H_c$），首先却使超导进入了混合态。

当外磁场继续增加时，进入样品的磁通线数目越来越多，正常心附近被占的体积就越来越大，最后当 H_a=H_{c2} 时，正常区扩展到全部样品的体积，超导态就被破坏了，整个金属成为正常金属。

磁 通 量 子

有关混合态的情景，还有一点在上节没有谈及，而且是很重要的一点，这个问题也同样会使你惊奇。为了说明这一点，我们先来看一个中空金属圆柱体，如图 4.11，当中空圆柱体还是正常金属时，我们加上外磁场，这时将有磁通线穿入金属及中间的空洞。再将温度降到临界温度以下，使该中空圆柱体变成超导态。实验发现，这时在超导体材料内部，没有磁通线（B=0，迈斯纳效应），

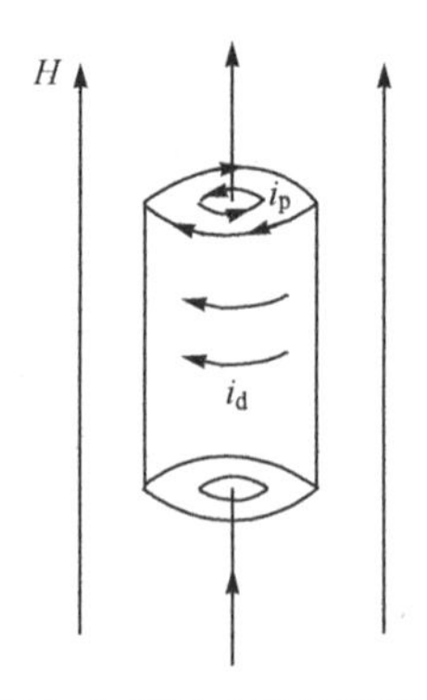

图 4.11 中空圆柱体超导态下的磁通线及表面电流

但在中空的洞内有磁通线。这种磁通线在空间分布的差异是由表面电流造成的，图中表示了在中空圆柱体的内外两表面产生了流向彼此相反的表面电流。注意：i_{d} 是逆磁表面电流，i_{p} 是顺磁表面电流，若没有后一电流，那么就不可能维持空洞内保留的磁通线。

伦敦早就指出，中空超导体空洞内的磁通量变化是不连续的[①]，这和前面讲过的能量是不连续的情况类似，称为磁通量的量子化。后来，在 1959 年，昂萨格考虑到束缚电子对的超导微观机构后说明，磁通量变化的最小单位（称为磁通量子）ϕ_0 为

$$\phi_0=\frac{hc}{2e}=2.07\times10^{-7}\text{高斯}\cdot\text{厘米}^2$$

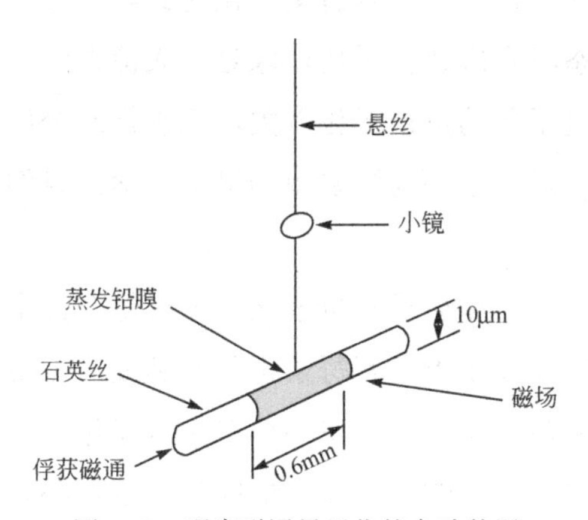

图 4.12　观察磁通量子化的实验装置

同年，实验上也观察到磁通量子化现象。图 4.12 是实验装置的示意图。在长 0.6 毫米，直径 10 微米的石英丝上镀一层锡，从而作成细锡管。用悬丝悬挂细锡管，悬丝上附有小镜。先沿管长方向加上外磁场，然后冷却到锡的临界温度以下，这样，当除去外磁场后，在锡管中将保存着被“俘获”的磁通线。这时细锡管就有磁矩了，好像一个小磁针。若再加一个横向脉冲磁场，则类似小磁针的细锡管会产生一种振动。由此可以测量出超导体锡管内“俘获”的磁通

① 精确地讲，伦敦指的是全磁通（fluxoid），它与磁通量（flux）相差一项持久电流密度的线积分。有兴趣深入钻研的读者可参考 V.L.Newhouse 著《应用超导》一书第 10.5 节。

量。定量测量表明，“俘获”的磁通量，只能是磁通量子 ϕ_0 的整数倍。伦敦最早建议的磁通量子为 $\frac{hc}{e}$，在当时，BCS 电子对的概念尚未问世，而根据电子对的概念磁通量子应该是 $\frac{hc}{2e}$，这个因子“2”来源于电子对具有两个电子电荷量。1961 年所完成的实验精度已经足以证明这个修正是正确的，这就从一个实验侧面肯定了 BCS 的电子对物理图像。

在量子力学问世后，人们知道了量子化现象（如能量量子化），通常这是微观粒子（像分子，原子等）的特有现象，由大量微观粒子所组成的宏观物体一般不具有量子化现象。超导体是宏观物体，当它处于超导态时有磁通量子化现象是令人惊奇的，这种现象与原子玻尔模型中电子角动量量子化有关，但正常态金属又不存在这种宏观量子效应，理解这些问题要用到量子力学，我们可以暂且不去管它！

在混合态，若是磁通没有量子化，那么每个正常心越细越好，因为在一定的总磁通量下，若每条正常心越细，正常心的数目就越多，界面也就越多，从而混合态的总自由能就越低，这样的状态在热学上就会是更加稳定的。但实际情况是，正常心有一定数量，正常心之间也有一定间距，两者均有限（即并不会产生无穷多的正常心和无穷细的正常心）。此中原因就是，当正常心细到某一程度时，正常心里的磁通已等于一个量子 $\frac{hc}{2e}$，不能再小了，这时就达到了在总磁通一定条件下的热学最稳定状态。

不可逆磁化曲线，非理想的第二类超导体

在前面我们讲了第二类超导体磁化曲线（图 4.1）。对于经过充分退火的纯样品，可以获得几乎可逆的磁化曲线，这就是说，若 H 经 H_{c1}，H_c，H_{c2} 增加时，样品的磁感应强度 B 沿着一条磁化曲线

$OAB'C$ 变化（图 4.13），那么，当 H 经 H_{c2}，H_c，H_{c1} 减小时，B 仍沿着这同一条磁化曲线逐渐减小（$CB'AO$）。但是，大量实验表明，实际材料的磁化曲线常常是不可逆的，这就是说，对于外磁场增加的过程，磁化曲线沿着 $OAB'C$ 上升，当外磁场从 H_{c2} 减小时，B 却沿另一条曲线 $CB''B_r$ 变化，当外磁场降为零时，样品中还有剩磁 B_r。学过铁磁质磁化曲线的读者对此不会陌生，在表面上它很像铁磁物质中的磁滞现象，而现在是第二类超导体磁性变化中的磁滞现象。在磁性上具有这种性质的第二类超导体称为非理想的第二类超导体。

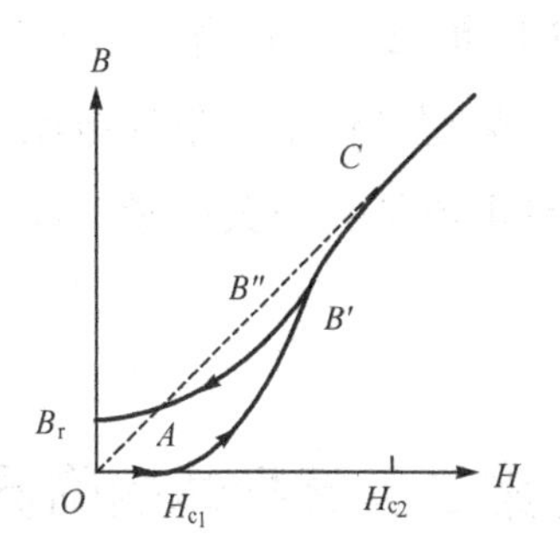

图 4.13　第二类超导体的磁滞

对具有磁滞效应的第二类超导体的结构分析表明，在这些材料中，有各种类型的缺陷，如第二相的沉淀颗粒、化学杂质、大量空穴、位错群等，它们在材料中，在尺度 ξ 的范围上造成不均匀性，如果设法在材料制备时消除这些不均匀性，那么实验发现，磁化曲线就越趋向于可逆变化。

仔细研究磁化曲线，人们认识到当外场 H 增加时，非理想的第二类超导体磁感应强度 B，比在同一 H 下理想第二类超导体的 B 小得多，这就是说，进入非理想第二类超导样品体内的磁通线数目，始终少于进入理想第二类超导体中的磁通线数。另外，当外场减小时，磁化曲线的研究又表明，与理想第二类超导体相比，非理想第二类超导体中的原有磁通线不易排出去，这种状况一直继续到外磁场为零，仍有一部分磁通线深深陷入在样品内“不能自拔”，造成剩磁。总之，不管外磁场是增加还是减小，在非理想第二类超导体内的磁通线，在“运动”（进入和排出）中，好像遇到了“绊脚石”似的，行动很不顺利，发生了“滞后”现象。联系到这种样品中有各种类型的缺陷一事，现在已能肯定样品中的这些“绊脚石”就是那些与 ξ 大小差不多的缺陷，它们对磁通线有“钉扎”作用，使磁通线既不易进入样品，也不易穿出样品，因而造成磁滞效应。这些具有“钉扎”作用的缺陷常叫做“钉扎”中心。

“钉扎”作用是非理想第二类超导体所特有的，它不但影响了磁化过程，而且对第二类超导体中的临界电流起决定性作用。因为在许多实验问题中临界电流是一个关键量，我们在下面就来讨论这个问题。

非理想第二类超导体的临界电流

第一章谈到临界温度 T_c，临界磁场 H_c，临界电流 I_c 三个物理量，它们都表示超导电性被破坏的特定条件，我们已经提过，发现超导电性以后不久就曾尝试绕制强磁场超导磁体，但是，用了几十年的时间，仍然没有成功，大量实践使人们认识到，只有当超导材料的临界温度、临界磁场和临界电流三者都够高时，才能用它绕制成高场强的超导磁体。1961 年（距发现超导电性已过了半个世纪）首次用 Nb_3Sn（铌三锡 T_c=18K）绕制成功第一个强磁场超导磁体，这个磁体可以产生 7 特斯拉的强磁场，超导电性的应用前景从此打开了局面。打开这个局面的关键就是运用了使材料内产生结构缺陷的实验技术，从而使材料的临界电流很高。此后几年内，超导磁体线圈就进入了实用阶段。表 4.2 列出了几种实用超导材料的临界温度（T_c），强磁场下临界流电密度（J_c）的数据。

表 4.2 超导材料的临界温度和临界电流密度

材 料	T_c（K）	强磁场下的临界电流密度 J_c（A/cm^2）
Nb_3Ge	23.2	15K，100 千高斯下 10^4 4.2K，200 千高斯下 10^5
Nb_3Ga	20.3	4.2K，70 千高斯下 5×10^5
Nb_3Al	18.7	4.2K，150 千高斯下 2×10^5
Nb_3Sn	18.1	4.2K，100 千高斯下 4.5×10^5
V_3Ga	16.5	4.2K，160 千高斯下 1×10^5
NbTi	9.5	50 千高斯下 1.2×10^5
Ag-$PbMo_{5.1}S_6$ 银包套线材	12.4～14	4.2K，40 千高斯下 4.5×10^3

非理想第二类超导体的临界电流有什么规律呢？我们先以一个典型的实验结果为例来说明这个问题。图 4.14 是在 4.2K 下对钽-铌合金超导线（Ta-Nb）的测量结果。图 4.14（a）是经过拉伸加工的，不纯的超导线临界电流随外场变化曲线，这个样品内含有大量缺陷。图 4.14（b）的超导线仍是同一材料，但经过细致的处理使它纯化，并且尽量消除了晶体缺陷。这时，材料在磁性上的不可逆性几乎消失了，同时（a）图曲线中的平台区也消失不见了！见图 4.14（b），在外磁场不大时，临界电流很快下降为零。

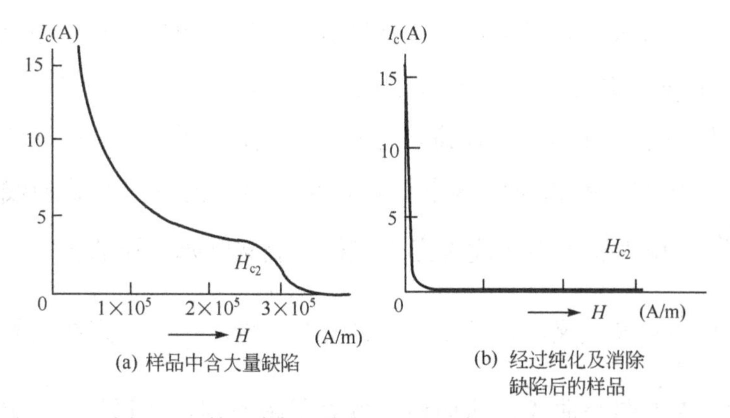

图 4.14 第二类超导体的临界电流随磁场的变化

类似的许多实验表明：图 4.14（a）中，一直扩展到上临界磁场的平台是非理想第二类超导体共同的典型特征，而且发现在混合态下这类超导体的临界电流和样品内的晶体缺陷密切相关，适当的缺陷可以使临界电流增大。应该注意，实验表明，锡尔斯比法则（第一章）在此不适用。

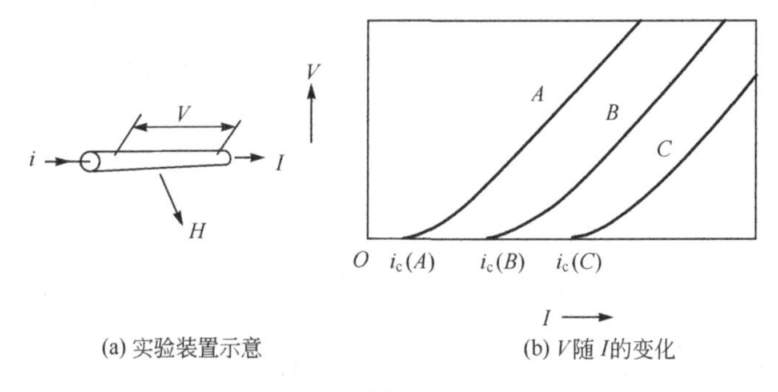

(a) 实验装置示意　　(b) V随 I的变化

图 4.15　混合态下第二类超导体的流阻

与此相关，实验上还发现了一个重要的情况，它为我们在理解非理想第二类超导体性能的机理上提供了线索，这就是“流阻”（flow resistance）。1964 年朱威斯坦等人首先从实验上发现，当超导体仍处在混合态时，样品出现了电阻，从而在样品两端可以测出电压。图 4.15 表示在垂直导线的方向加一磁场使第二类超导体进入混合态。实验测量超导线两端的电压 V 随电流 I 的关系。图中实验曲线表示，当电流 I 比临界值 i_c 小时，电压 V=0，但当电流超过 i_c 时，超导线两端出现了电压，此后电压随电流的增加而增加，如图中曲线所示。注意，在混合态测出的电压 V 比导线处于正常金属态时的相应电压小得多。在临界电流以上实验曲线的斜率 $\frac{\Delta V}{\Delta I}$ 叫做“流阻”（读者当会记得，服从欧姆定律的正常金属电阻是由 $\frac{V}{I} \equiv R$ 定义的，那里 V-I 曲线为直线，$\frac{V}{I}$ 就是直线的斜率。这里，V-I 图是曲线，而曲线中各处斜率不同，所以用 $\frac{\Delta V}{\Delta I}$ 定义电阻）。

这类实验表示出一个重要特点：当样品中所含晶格缺陷量不同

时，临界电流明显不同（见图 4.15），但是曲线的斜率却大体一致，这说明“流阻”基本上不依赖于缺陷。由此可以设想：第一，晶格缺陷是非理想第二类超导体中起重要作用的因素之一；第二，尽管随缺陷量不同临界电流不同，但从临界电流开始的“流阻”过程却反映了非理想第二类超导体内的某种一般机理。

先谈晶格缺陷的作用。本章第五节谈到这些缺陷对磁通线像“绊脚石”似的有“钉扎”作用，为什么会这样呢？一个简单的直观解释是这样，晶格缺陷附近一般都有一小段正常态区域，这使得磁通线可以利用它们作为一小段正常心，好像靠着原有建筑物盖房子可以少砌一面墙一样，磁通线利用了晶格缺陷那段现成的正常区就免去了一点把原是超导态的区变成正常区所需花费的能量，即在能量上有利。从力的观点看来就是说这些“钉扎”中心对磁通线有“钉扎”力 F_p（绊脚石）。现在再看 F_p 有什么用？设想开始时外磁场略大于 H_{c1}，于是在样品外表面穿透层内首先出现磁通线，随之磁通线将进入体内。对于非理想第二类超导体来说，磁通线进入体内就受到“绊脚石”似的钉扎力作用（参见本章），那么磁通线靠什么来克服“钉扎力”以深入到超导体内呢？原来就是要靠这时在体内形成磁通线的不均匀分布了（这就与理想第二类超导体不同），如图 4.16（a）表示一块磁通分布不均匀的区域，由于超导体内磁通线间有相互排斥力，从而在磁通线分布不均匀的情况下，每根磁通线就会受到一个不等于零的合力。比方说，在图 4.16（a）的情况，由于靠样品外部（图的下方）磁通线密度大于靠里的磁通线密度，于是每根磁力线将受到的排斥力合力是向上的（指向超导体内部）。这样一种由于磁通线不均匀分布而产生的使磁通线运动的力就叫做磁通线受到的电磁力，以 F_L 表示。设考虑当 F_L=F_p 的情况，这时每根磁通线所受的力达到平衡；在这种情况下，整个磁通线分布不均匀，但不运动，这时的磁通线不运动状态称为临界状态。那么，这种不均匀的磁通分布会产生什么新结果呢？

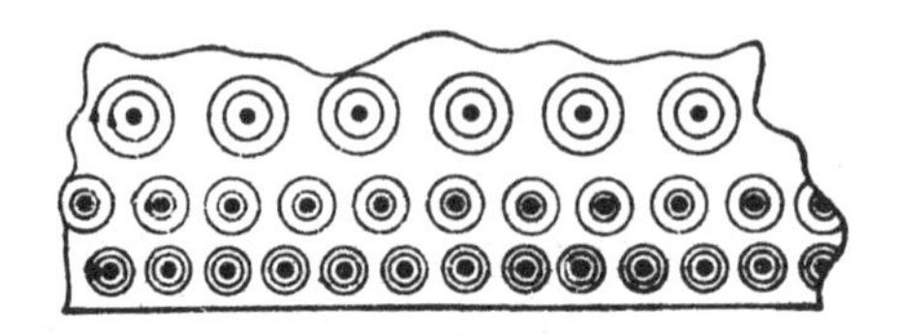

(a) 磁通线分布不均匀

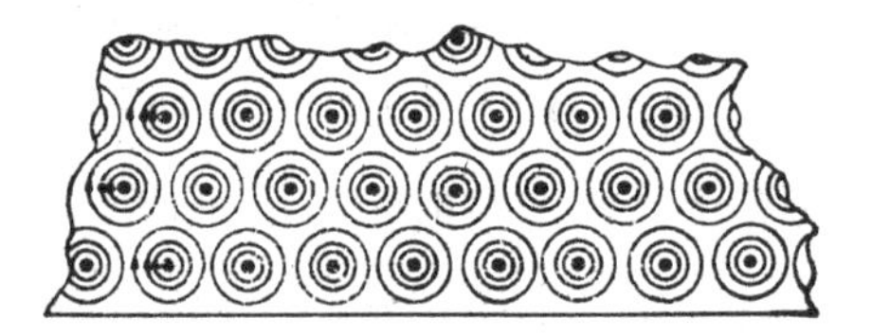

(b) 磁通线均匀分布

图 4.16　第二类超导体内的磁通分布

图 4.16（b）表示的是磁通线均匀分布情况。从图中易于看出，这时体内任一点的正反涡旋超导电流恰好互相抵消，于是就不能出现宏观上的定向超导电流。但在图 4.16（a）所示的磁通线分布不均匀状况下，体内各处正反涡旋超导电流的宏观效果并不互相抵消，这时就可得到一定方向的宏观超导电流。上面已经谈过，当有钉扎力存在时就可以产生不运动的非均匀磁通线分布，这样一来就产生了宏观超导电流，而在临界状态时所产生的就是前面实验中讲的临界电流。由此可见，只要提高超导体内的钉扎力就可以提高它的临界电流。因此，在工艺技术上如何控制晶格缺陷以提高钉扎力就是提高临界电流的关键。

当 $F_L > F_p$ 时磁通线就会运动起来，这叫“磁通流动”。一旦产生了“磁通流动”，那么，根据电磁感应原理，变化着的磁通量必然产生感应电场，按照楞次定律，后者一定要力图阻止磁通量的运动，这就是说，磁通量的运动要受到阻力。于是，磁通线好像是在有黏滞阻力的“流体”中运动一样，它要想不断开辟道路，继续运动，就需要克服阻力做功。这消耗的能量从哪里来呢？它只能从外界能源而来，这就是“流阻”的本源。超过临界电流越大，磁通流动就越剧烈，因而产生的感应电场越大，能量消耗就继续增加；这时样品的温度将迅速增高，最后导致超导的破坏。

在理想第二类超导体情况，样品内没有钉扎力阻止磁通线流动，结果在传输电流很小时样品中就会出现电阻了。

第五章
超导隧道结

微观粒子的“穿山”本领

我们知道，20 世纪 50 年代，许多证据表明超导体电子能谱中存在能隙，能不能以一种简单的实验手段测量能隙呢？问题产生了，但没有人着手解决。1957 年埃萨基发明了隧道二极管，进一步引起人们对隧道效应的兴趣，同一年 BCS 超导微观理论问世，把超导电性和隧道效应联系起来的客观条件成熟了！奇怪的是还没有物理学家着手解决它。

到了 20 世纪 60 年代初，这个问题被基埃佛解决了。基埃佛于 1959 年在室温下测量 Al-Al_2O_3-Al 结（也就是金属-绝缘层-金属夹层）的隧穿电流。1960 年他第一次做了著名的超导体隧穿实验，立即引起了人们的广泛注意。当时，基埃佛了解到超导能隙及其对隧穿电流的影响的问题后，立即将他原来在室温下进行的隧道效应特性的研究推进到低温领域。几经尝试后，他成功地发现了电子从正常金属隧穿进入超导体的规律。局面一打开，在很短时间内技术上就有很大改进，并成为测量超导能隙的有力实验方法。稍后，1962 年约瑟夫森又从理论上考虑了库珀电子对能穿透绝缘位垒的可能性，即当两块超导体 S_1，S_2 中间隔以绝缘层 I 时，超导电子流体（一群电子对）表现出穿透绝缘层位垒的一定概率。随后，这也被实验证实了。20 世纪 60 年代初的这些令人兴奋的新进展，现在已构成了超导应用的一个广泛而有价值的方面。

为了对这个问题有所了解，我们先讲一下量子隧道效应。自从量子力学问世以来，人们对微观粒子的行为有了比较深入的理解，其中很多量子现象是我们在宏观世界的日常经验中无法想象的。比如前面谈到过的能量量子化就是例子。但是，隧道效应大概是最令人难以置信的事了。设想有个高土丘，一个小孩想把球从它的一侧扔到另一侧。谁都可以料想到这个孩子的力气不够，他不能使球有足够大的动能来克服地球的重力位能（土丘好像一个位能垒，简称位垒）使小球越过土丘这个位垒到达另一侧。小球可能扔到了半坡上又滚了回来。同样，假如你不是一名优秀的跳高运动员，那么当一个不太高的障碍物挡住你的去路时也许就会使你束手无策。现在我们想象微观世界的一个粒子（如电子）碰上一个“位垒”又会怎样呢？量子力学告诉人们：微观粒子有一种特殊的“穿山”本领——隧道效应。只要这“墙”很薄，能量不足的粒子也能到达彼侧，如像在“墙”内钻了一个隧道洞一样。这是小说《聊斋志异》中“崂山道士”的本领（见图 5.1），这当然是不能实现的虚构故事。但是微观粒子确实有隧道效应，这是因为微观粒子波粒二象性所致。波粒二象性就是说微观粒子具有粒子和波两重性质，微观粒子的波动性这一面自然使粒子有波的反射和透射两种可能，因而使本来能量不足

图 5.1　崂山道士

以克服位垒的微观粒子有一定的穿透可能性。

为具体起见，如图 5.2 表示在 $x=0$ 与 $x=a$ 间有一个位垒，或写出位能函数 $V(x)$为：

$$V(x)=\begin{cases}0 & \text{当}x<0\text{（区域 I ）}\\ V_0\text{（常数）} & \text{当}0<x<a\text{（区域 II ）}\\ 0 & \text{当}x>a\text{（区域III）}\end{cases}$$

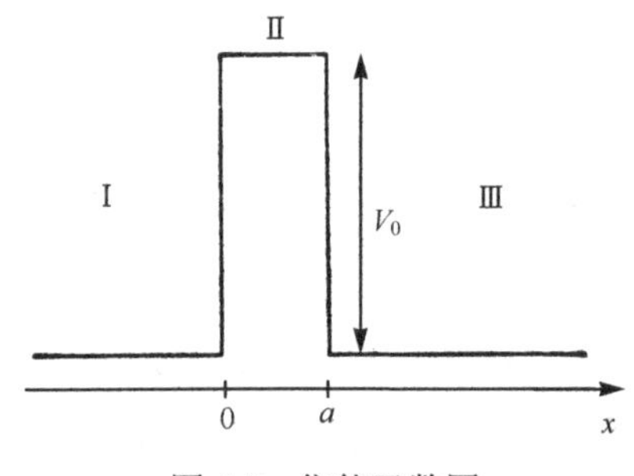

图 5.2　位能函数图

设有一个微观粒子从左面射向位垒，如果它的能量 $E<V_0$ 那么按照牛顿力学定律，它的能量是不足以越过这么高的位垒的，在碰到位垒的“壁”时（图中 $x=0$ 平面）就被反射回去。但是对于满足量子力学规律的微观粒子来说，可以证明，这个总能量 $E<V_0$ 的粒子能有一定机会穿透位垒而出现在 $x>a$ 的区域，它好像有“穿山”本领（崂山道士！），经过“隧道”穿出了位垒（它当然还有碰壁返回的可能性）。这是微观粒子所特有的效应，称为量子隧道效应。那个小皮球是没有这个本领的。不过，微观粒子的这个本领也是有条件的，很重要的一点就是位垒宽度（图 5.2 中的 a）要很窄。

量子力学问世后不久，量子隧道效应的概念就出现了。早在 20 世纪 20 年代利用隧道效应原理就已成功地解释了如原子核 α 衰变等许多现象。大约 30 年以后，到 1957 年发明了隧道二极管，这种管子 I-V（电流-电压）特性曲线的一段范围内就是隧穿电流起主要作用，而在超导隧道效应被发现后又开辟了新的应用前景。

NIS 结中的隧道效应

NIS 结就是由正常金属（N）、绝缘层（I）和超导体（S）组成的结，图 5.3 是一示意图。当绝缘层（其作用相当于上面说的位垒）很薄时（约几百埃到几十埃），正常金属和超导体中的电子凭着它们特有的“穿山”本领，将以怎样的方式彼此往来呢？

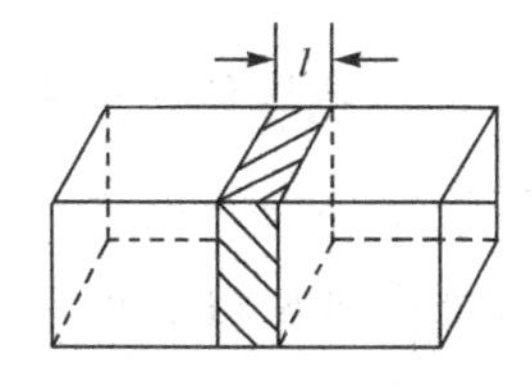

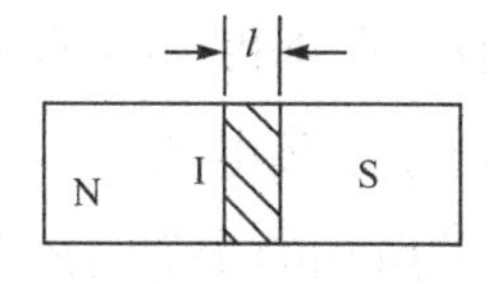

图 5.3　NIS 结

我们知道，在超导体中的电子有两类，一类是超导电子（即电子对），一类是正常电子。我们可以利用能级图形象地说明绝缘层两侧电子的“交往”方式。这里，我们对超导体的能级采用如图 5.4 的表示法，图中最低能级表示处于凝聚态（电子对态）时每一电子的平均能。这个能级只能被电子对里的电子所占据。以前讲过，如果任何一电子对分裂成两个独立的单电子（严格讲应称为准粒子，我们对此不予细谈），这时需要增加的最小能量为 2Δ（能隙），而每一个电子需要的能量为Δ。所以图 5.4 在对态以上经过 *Δ* 的能量间隔区就是单电子（准粒子）的能谱图。

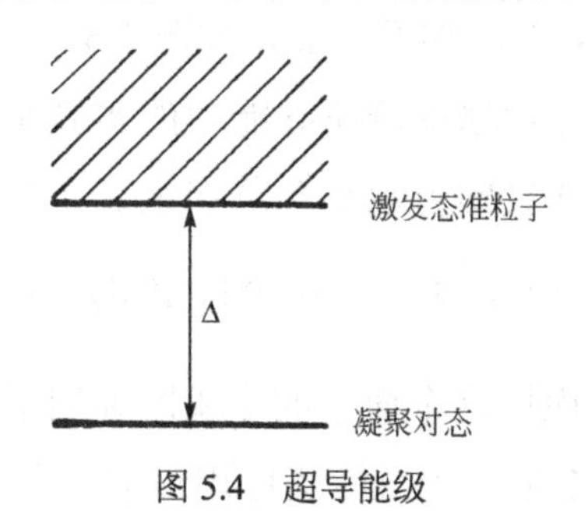

图 5.4　超导能级

现在由能级图分析 T=0K 时，正常金属与超导体间的电子隧道效应。当正常金属与超导体间没有额外附加的电压时，能级图如 5.5（a）所示。在 T=0K 的超导体中电子都处于对态，而单电子激发态是空着的。对于正常金属，费米能级 E_F 以下为单电子所充满，E_F 以上却是空着的，图中单斜线区表示未被占据的空态，斜格线区表示被电子占据着的态。在图 5.5（a）的情况中，观察不到电子隧道效应，即这时超导体-绝缘层-正常金属结内隧穿电流 I=0。

现在我们在 NIS 结两端加上偏压 V，让超导体比正常金属电位高。由于电子带负电（$-e$），所以这时超导体内各电子的能量均下降了 eV，若所加的 V 使 eV 等于 Δ，则如图 5.5（b）所示，超导能级图相对于正常金属能级整体下降了 Δ。这时超导体准粒子谱的底恰与正常金属的费米能级 E_F 重合。这时会不会发生电子隧穿效应呢？由于超导体电子谱中的能级是空着的，处在正常金属费米面上（E_F）的电子发现它有可能进去，占据这空能级而不违反泡利不相容原理。再说，当它去占据这些空态时（图 5.5（b）中箭头所示过程），能量也是守恒的。这就是说处于正常金属中的电子凭着自己的“穿山”本领，无须外界能量“支援”就可以从正常金属迁入超导体内这个新天地里去；这时应能通过实验测到隧穿电流。随着电压 V 的增加，超导能级更加下降，正常金属 E_F 能级附近将有更多能级上的电子有条件运用“穿山”本领迁入新天地；实验结果测出隧穿电流 I 随电压 V 的增加而增加，如图 5.5（c）所示。

那些日夜在想方设法探测超导能隙的实验家们对这个现象极感欣慰。如果的确能通过实验观察到隧穿电流在某一特定电压处突然增加（见图 5.5（c）），那么，这个特定电压 V 必然就等于$\frac{\Delta}{e}$（即上述 $eV=\Delta$），从而用这个简单的实验既证明了超导能隙的存在，又测出了它的值（2Δ）（当然还可用许多其他方法测能隙，比如测比热、热导以及超声吸收等）。

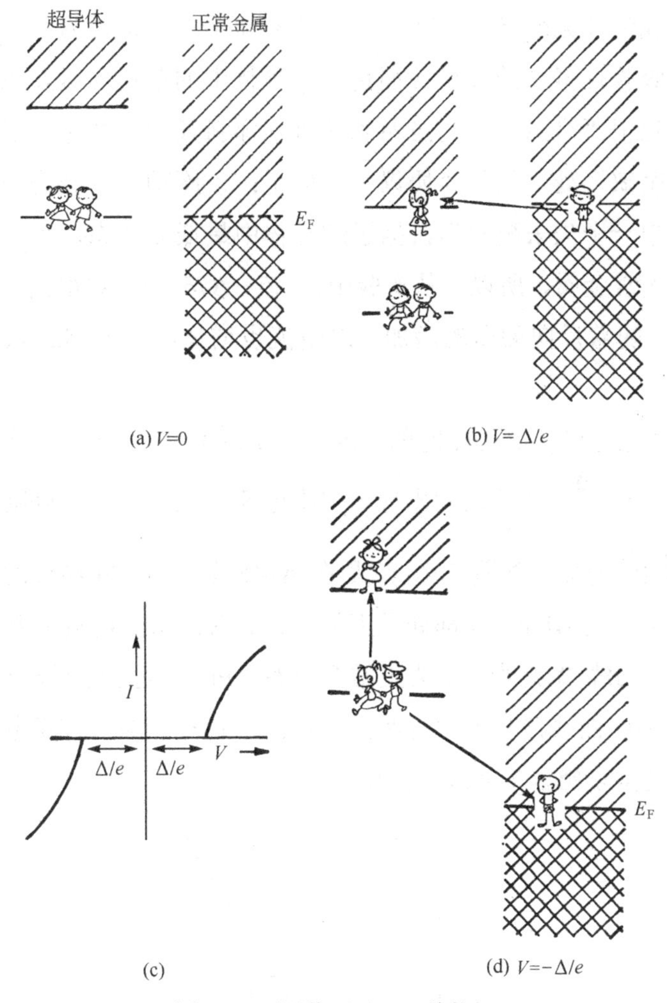

图 5.5 不同偏压下 NIS 结能级

现在，我们如果反向加偏压，即 NIS 结的正常金属比超导体电位高，那么如图 5.5（d）所示，正常金属的能级图将整个下降。图 5.5（d）中 $V=-\dfrac{\Delta}{e}$，这时将发生另一种有趣的隧穿过程。超导体中处于对态中的库珀电子对发现，在它的右邻有块待开垦的美丽世界，那里无人“占据”，它们可以移居过去，但是必须遵从能量守恒定律。为此它们只好拆散彼此联成一体的对态，库珀电子对分裂了，其中一个电子可以走向新天地（右侧正常金属），它甚至因此降低了能量（见图 5.5（d）），从而有了多余的能量Δ。另一个电子可以吸收这多余的能量Δ而进入超导体中的单粒子激发态。这一个电子也很“满意”，它虽然未能进入那新天地，却进入了较高能级的“空缺”处。结果“协议”达成了：一库珀对分裂为两个单电子，其中一个失去配对后占据了超导体中最低激发态，另一个则隧穿进入正常金属。所以，从实验中在 $V=-\Delta/e$ 处应观察到反向隧穿电流 I，随着反向偏压的增加，这电流也增加，如图 5.5（c）左半所示。

以上着重谈了T=0K 时的情况，当$T>$0K 时，不同之点在于，图 5.5（c）$-\dfrac{\Delta}{e}$与$+\dfrac{\Delta}{e}$之间出现一些小电流，但在$\pm\Delta/e$处隧穿电流仍有突然的增加。如图 5.6，这是在 Al-绝缘（I）-Pb 结做的实验，图中曲线 1 是 Al 和 Pb 都处于正常金属态时的隧穿电流 I 随 V 变化的曲线。曲线 2 是当 Al 为正常金属态，Pb 已处于超导态时（NIS 结）的 I-V 曲线，从图中可明显地看出，超导能隙对隧穿电流的影响，这是基埃佛首先完成的杰出工作。

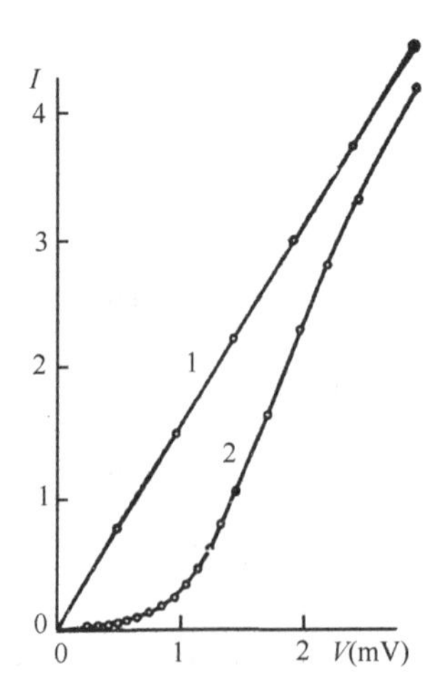

图 5.6　$T>0$ 时 I-V 曲线

SIS 结中的隧道效应

在研究了 NIS 结的隧道效应之后，自然想考虑 SIS 结的问题，为简单起见，我们讨论两个同样的超导体之间夹一极薄的绝缘层（I）所形成的 SIS 结。

仍然先考虑偏压 V=0 的情况。设 T>0，两超导体的能级图如 5.7（a）所示。由于 T>0，这时热运动能量可把一些电子对激发到准粒子激发态（以后就称单电子），图 5.7（a）表示有一些单电子占据了激发态能级，两金属内的这些单电子都可能靠它们的“穿山”本领进入另一金属，但在偏压等于零的情况下，彼此互相隧穿的电子数相等，从而净剩的隧穿电流应是零。

现在在 SIS 两端加一小的偏压 V（数量级约为 10^{-4} 伏），设左方超导体电位较高，于是左方能级整个下降，如图 5.7（b）。从图可以看到，左方超导体能量较低的那些电子，若要能够保持能量守恒隧穿到右方超导体内，就只能进入图中横向箭头所指的那些“态”

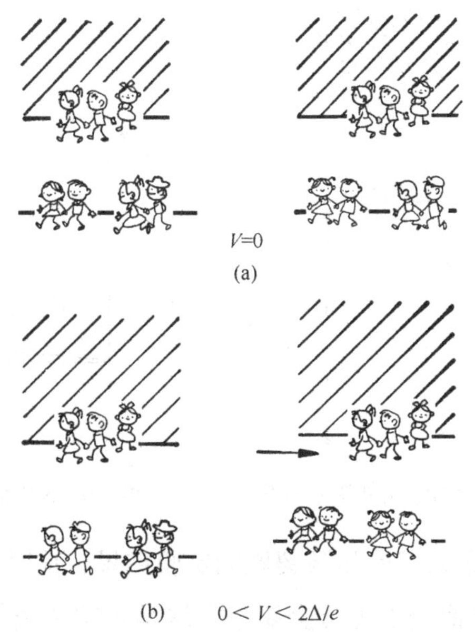

图 5.7　不同偏压下 SIS 结能级示意图

上，但这是“禁区”没有单电子的“立足”之地，这样就隔断了左方超导体内这些低能单电子隧穿的去路。与此相反，右方超导体内所有的单电子都可以向左隧穿到左方超导体内，结果在实验上应可测到净剩的隧穿电流 I。V 增加时，隧穿电流 I 也随之平缓的增加，如图 5.9 中 $V<\frac{2\Delta}{e}$ 的曲线段。当电压 V 达到 $\frac{2\Delta}{e}$ 时，从图 5.9 看出，隧穿电流 I 突然有很大增加这是什么原因呢？

上述 I 的突然增加，可用图 5.8 说明。这时左右两超导体的对态能量相差 $eV=2\Delta$，右方对态比左方最低激发态能量高出 Δ，这在客观上又提供了库珀电子对分裂的条件；电子对破裂后同时发生隧穿的可能性太小，所以只好一穿一升，即一个电子以“穿山”本领隧穿入左方超导体，进入其最低激发态的位置，在 $eV=2\Delta$ 时这个电子能量减少了 Δ，电子对中另一个电子得到这个能量 Δ 跃迁进入右方超导体的激发态位置上。电子对完成这种破裂过程前后能量守恒，且“各得其所”。这就是在 $V=\frac{2\Delta}{e}$ 时隧穿电流突然大增的原因。

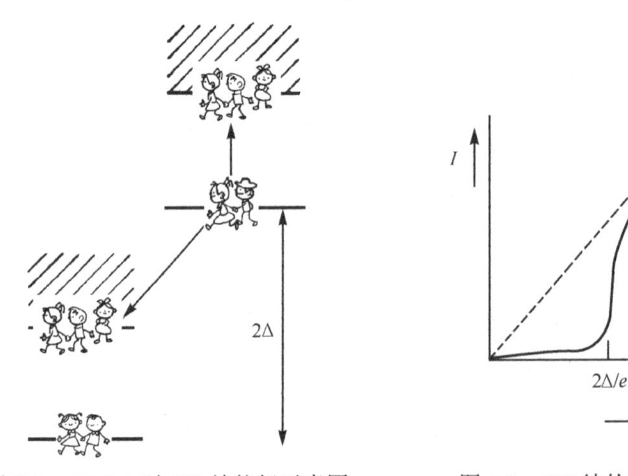

图 5.8　$eV=2\Delta$ 时 SIS 结能级示意图　　图 5.9　SIS 结的 I-V 曲线

图 5.10 是布莱克弗和马契做的实验结果。这时 Al-Al_2O_3-Al 结在 $T=1.252K$ 时铝处于正常金属态，这是正常金属与正常金属之间的隧道效应（NIN），I-V 特性曲线是直线。在 $T=1.241K$ 时，曲线

上已经出现了能隙的迹象。T=1.228K 时问题变得很明显了，当温度越来越低时，能隙越来越大，隧穿电流开始突然增加时电压也越来越高。这种实验也同样提供了测量超导能隙的有力方法。

上面我们用两个同样的超导体做成的 SIS 结讲了一种隧穿过程。如果两个超导体不同，它们的能隙分别为 Δ_1， Δ_2，I-V 曲线会复杂一些，图 5.11 是 Al-I-Pb 结（Al，Pb 皆为超导体）的实验曲线，这也是基埃佛的工作，关于这种情况下的机构，我们就不细谈了，读者可以仿照我们上面用的能级图分析法分析一下，把所得结果与图 5.11 略作比较。

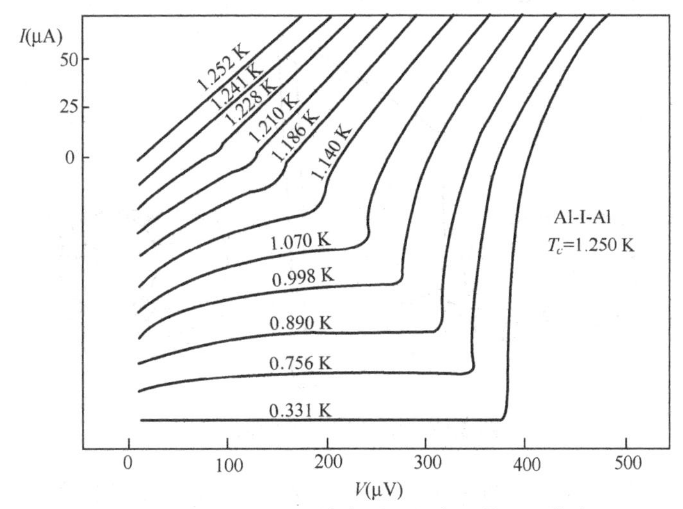

图 5.10　Al-Al_2O_3-Al 结在不同温度下的 I-V 曲线

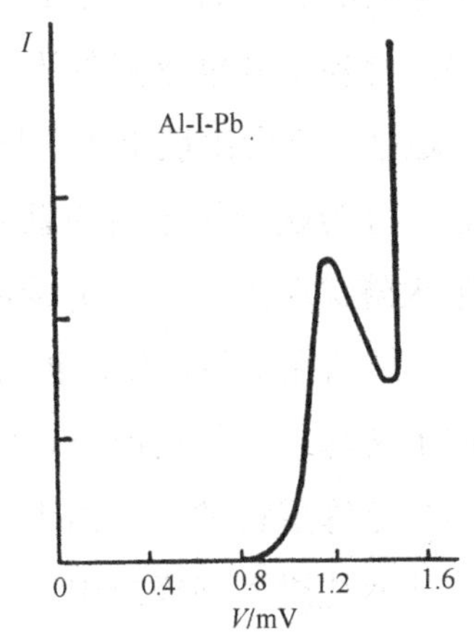

图 5.11　Al-I-Pb 的 I-V 曲线（纵坐标为任意单位）

约瑟夫森隧道电流效应

不管上面谈的 NIS 结还是 SIS 结，隧道电流都是正常电子“穿山”，就是说，正常电子导电，通过绝缘介质层的隧穿电流是有电阻的。这种情况的绝缘介质厚约几百埃到几十埃，如果 SIS 隧道结的绝缘层厚度只有 10 埃左右，那么理论和实验都证实会出现一种崭新的“穿山”现象，即库珀电子对的“穿山”，电子对穿过位垒后仍保持着配对状态（图 5.12）。

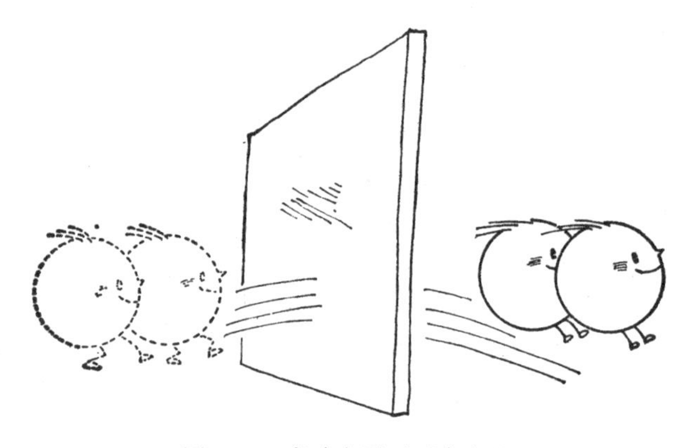

图 5.12 库珀电子对“穿山”

我们以前讲过，超导电子（电子对）的流动是无阻的，所以这时宏观上就表现为能够无阻地通过电流，而在 SIS 结两端并没有电压降落。实验指出，绝缘介质层能够承受的无阻电流很小，一般是几十微安到几十毫安，超过了就会出现电压。这种 SIS 结能够通过很小的隧穿超流的现象，称为超导隧道结的直流约瑟夫森效应。若以 I_c 表示所能承受的最大隧穿超流，则称 I_c 为超导结的临界电流。当通过的电流超过 I_c 时，结两端出现电压，正常电子参与导电。

对上述现象可作如下解释。一般情况下，绝缘体不会改变本性而显示出超导电性。但当绝缘层很薄时，由于量子隧道穿透作用，超导体中的超导电子会从两边进入绝缘层中，致使介质层中存在有少量的超导电子，正是这部分超导电子的作用，使绝缘层具有弱超导性，使它能通过超导电流，从而具有超导体的一些性质。大家知道，在某临界电流之上一般超导体要转入正常态。对这具有弱超导性的绝缘层也有类似情况，即存在一个临界电流 I_c，在 I_c 以上结上要出现电压，这时结就将转入“正常”了（这个“正常”意味着什么？见下两段）。由此也不难理解，当绝缘层具有弱超导性时，它也像一般超导体那样，只允许磁场从边缘上穿透进一定的深度。实验表明，穿透深度 λ_T 的数量级是十分之一毫米左右。若结的尺寸比它大称为大结，反之叫做小结。

图 5.13（a）是测量约瑟夫森结的直流 I-V 特性线路原理图。图 5.13（b）表示结的直流 I-V 特性。图中表示了当 $I<I_c$ 时结上电压为零，即在原点处垂直于 V 轴的直线，此时超导结处于超导态。在 I_c 以上结上出现电阻。如果电源内阻比结电阻小很多，结电阻的出现使得在电路中突然增加一个大电阻。电路中的电流就突然从 I_c 值降到几乎为零，电源的输出电压 E 全部降到结区两端。在这种情况下，超导结的 I-V 特性曲线就如图 5.13（b）中虚线 a 所示跳跃到正常电子隧道曲线；如果电源内阻比结电阻大得多，那么结电阻的出现对电路中的电流基本上没有影响，因为只相当于在电路中突然串入一个小电阻，电流基本不变，这时 I-V 特性曲线应该如图 5.13（b）虚线 b 那样水平地跳跃到正常电子隧道曲线。

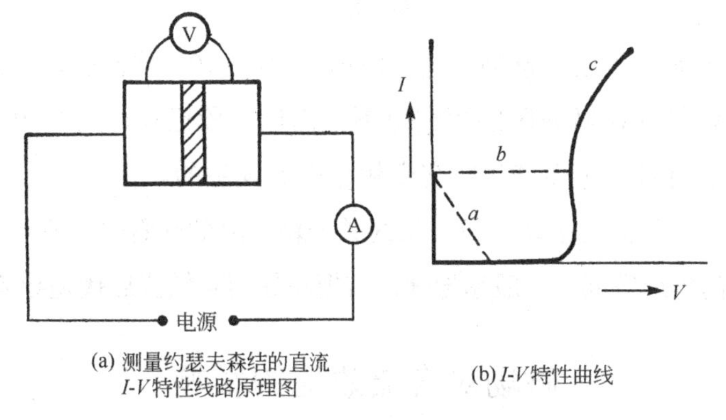

(a) 测量约瑟夫森结的直流 I-V 特性线路原理图

(b) I-V 特性曲线

图 5.13　约瑟夫森结 I-V 特性

如上可见当约瑟夫森隧穿电流超过 I_c 后，超导结两端出现电压。这时发生了两种过程。一是正常电子隧穿效应开始出现了（图 5.13（b）图中的曲线 c），这就是前面说的，在 I_c 以上结转入“正常”。值得注意的是这并不表示绝缘层已从超导态转入正常态。这是因为，当结区两端出现直流电压时，除了单电子隧穿效应以外还发生了另一过程，即交变超导电流的出现；由于结中这个交变电流，就产生了从结区向外辐射的电磁波（如同辐射天线的过程），它在微波区的矩波范围。在直流电压下，超导结产生交变电流从而能辐射电磁波的特性称为交流约瑟夫森效应。一方面这时有正常电子起作用（正常电子隧穿效应），另一方面超导电子也起作用（产生交变超导电流），所以常说这时的绝缘层处于“电阻—超导”的混合态。

怎样理解这种电磁辐射的产生？当结上有直流电压存在时，结中两超导体相对地就有电位差，因而在能级图上这两超导体的对态（凝聚态）不再处于同一能量水平上。因此，若只是电子对“穿山”进入结的另一侧而不伴随其他过程，那就不能满足能量守恒条件。为使能量平衡，结果就同时发生了频率为 v 的电磁辐射。从光子观点看若电子对“穿山”进入结的另一侧时，能量降低为 $2eV$（V 为结两端直流电压，$2e$ 为电子对电荷）则发射一个能量为 hv 的光子（电磁辐射），v 应由下式决定

$$hv=2eV$$

实验完全证实了这一预测。这里电压一般在 10^{-3} 伏范围，由此算出电磁辐射频率在微波区的短波范围。而如上段已述，这个电磁辐射是靠电子对起作用而产生的交变超导电流发生的。

最后，我们再强调一下，从约瑟夫森交流效应看来，不能把超导的结区简单地等同于一般超导体，常把超导结叫做弱连接超导体。

磁场对直流效应的影响

第一章讲过，超导电性可以被外加磁场破坏，普通第一类超导

体的临界磁场是几百高斯，临界电流与磁场的关系也较为简单。那么磁场对弱连接超导体的影响怎样呢？1963 年罗威尔首先发现超导结的临界电流 I_c 也和磁场有关，从我们所知道有关第一类超导体的知识看来，这本是在意料之中的事。然而，令人惊奇的是 I_c 对磁场很敏感，1 高斯左右的磁场就能使 I_c 变得很小，I_c 随外磁场的变化也很新奇。图 5.14 是 Langenberg 等人对 Sn-I-Sn 结在 T=1.2K 时所做的实验结果，I_c 曲线随外磁场的增大而周期起伏。没有磁场时超导结的临界电流 I_c 最大，随着磁场增加，结的临界电流下降甚至变为零，但以后随着磁场的增大，I_c 又回复到较小的极大值。图 5.14 实验中显示的周期是 1.25 高斯。学过物理光学的读者看到这个图会联想起单色光经过狭缝时的衍射现象，那时在屏幕上就出现一组明暗相同的条纹，这就是光的强度 I 随空间位置的强度变化，如图 5.15，它和图 5.14，是多么相似啊！光的衍射花样是通过狭缝的单色光波，波前上各点发出次波相干的结果，弱连接超导体 I_c 随外磁场变化的“衍射花样”也预示着在超导结内各点的超导电子流有某种相互关联（相干性），这是一种量子相干效应。限于本书目的，我们在这里就不详细介绍了。

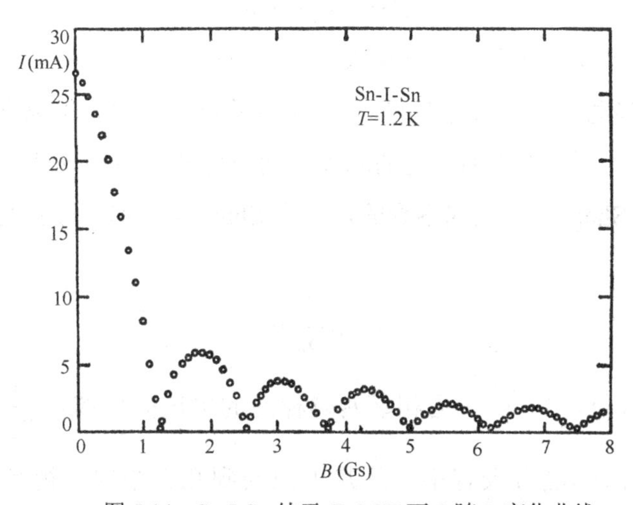

图 5.14　Sn-I-Sn 结于 T=1.2K 下 I_c 随 B 变化曲线

很容易想到，可以利用 I_c 随磁场周期起伏的效应测量磁场，但是，临界电流起伏的周期还嫌太大，如图 5.14 实验中是 1.25 高斯，即使设法能准确测量到一个周期的百分之一，也不过达到约 0.01 高斯的灵敏度。所以要利用这种效应造成高灵敏度的测量磁场仪器，还需再想一些办法，我们将在本书第七章再谈这个问题。

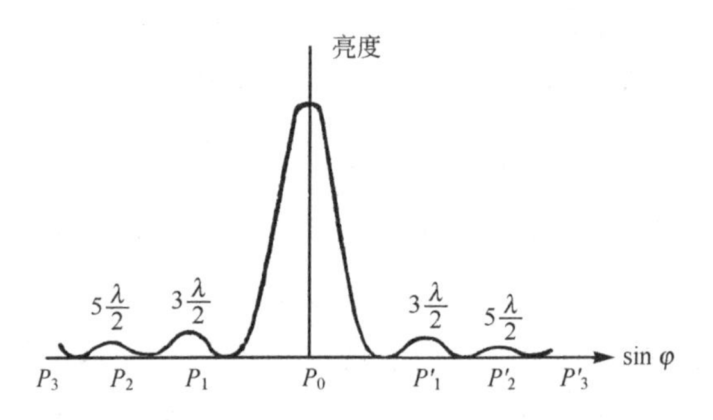

图 5.15 单色光衍射时光强随空间位置变化

微波照射下结的 *I-V* 特性

如果除直流电压 V_0 之外，再在超导结两端加上一个交变小电压，即总电压 V 是

$$V=V_0+V_1\cos\omega t$$

其中 $\omega=2\pi\nu$，ν 为频率。实验发现，在有交变电压的情况下，超导结的 *I-V* 特性曲线，显示出图 5.16 所示的阶梯形状。当电压处在某些电压值时，电流增加一定的幅度，而电压却维持在该值不变。这种阶梯是 Shapiro 首先观察到的，称作 Shapiro 阶梯。实验发现这一系列的电压值 V_n 是

$$V_n=n\frac{h}{2e}\nu$$

其中 $n=0$，1，2，……而相邻两阶梯间的电压间隔都是 $\frac{h\nu}{2e}$。每个阶梯的电流幅度有大有小，从几十微安到几百微安，视具体情况而定。

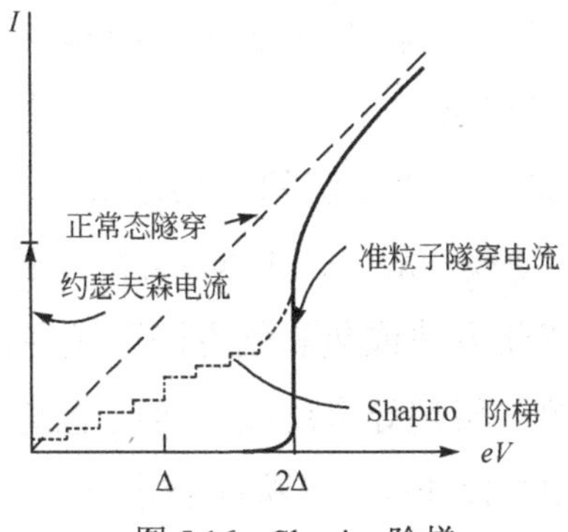

图 5.16 Shapiro 阶梯

本章第四节讲过，当超导结两端有直流电压时，它像一根天线一样，能辐射电磁波，它当然也能吸收电磁波。事实上，为了观察 Shapiro 阶梯，人们是用一微波电磁场照射超导结，超导结吸收了电磁波的能量从而在结两端感应出上述交变电压。图 5.17 是实验示意图。Shapiro 阶梯的出现乃是照射结的微波电压和直流电压 V_0 所产生的交变约瑟夫森电流相互作用的结果。

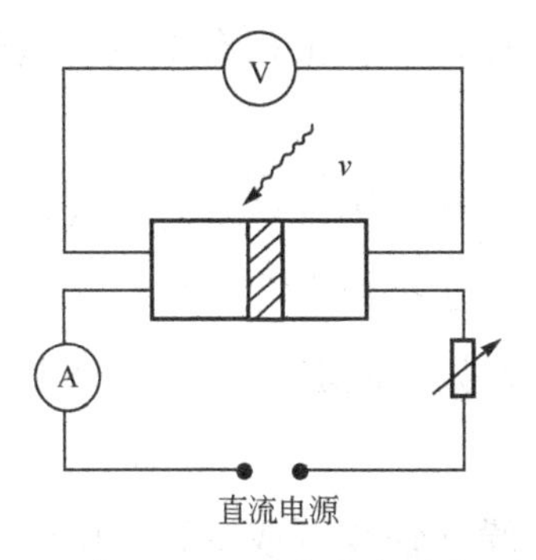

图 5.17 观察 Shapiro 阶梯的实验装置原理图

超导结的各种形式

实现约瑟夫森效应的关键是，在两块超导体之间以弱连接方法实现弱耦合。在技术上如何实现这种弱连接可以有多种方式。超导隧道结，超导桥都是实现这种弱接的形式。发展不同形式的超导结可以使我们对约瑟夫森效应的探索更加深入，同时也可大大扩展其应用范围（见第七章）。下面只是初步介绍一下超导结的制造工艺。

1. 超导隧道结的制造

在一块清洁的玻璃基片上沉积一层超导金属薄膜（例如铅或锡，也有用铌的），薄膜一般为几千埃（Å）。形成第一层金属薄膜后，使用辉光放电氧化方法或热氧化方法形成绝缘氧化膜。在氧化膜生成后，再镀上第二层超导金属膜。两层金属膜交叠处，就形成“超导体-氧化物绝缘层-超导体”结构的超导结，如图 5.18 所示。

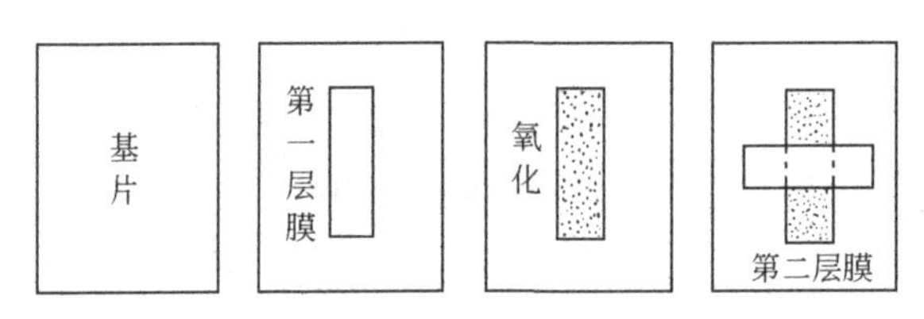

图 5.18　超导-绝缘层-超导结制作

制造约瑟夫森隧道结的关键是造成一个平坦的没有漏洞的氧化层。由于超导电子隧道结的绝缘层只有 10～30Å 厚，相当于几个分子到十几个分子的厚度，工艺上稍有不慎，氧化层有漏洞就会使结报废。

好的超导隧道结，往往因为放置时间久了，由于不同物质的分子之间扩散而变坏。除了把结保存于低温（例如液氮）及减少扩散之外，工艺上必须考虑如何制造结构稳定的隧道结。

2. 超导桥

它是单一的超导膜（铌或锡或铅），中间有一个长宽各约为一微米数量级的收缩区（桥区）。本来是强耦合的一块超导体，由于收缩区的狭窄，薄膜的两半部分之间的关联受到抑制，形成两半部分弱连接，因而存在约瑟夫森效应。桥区的形成通常使用光刻的方法。

此外还有其他形式的超导结具有约瑟夫森效应。因此，对约瑟夫森效应的理解就不能只限于隧道结，它只是弱连接的一种方式。

第六章
千方百计提高超导临界温度

超导临界温度能够提高吗

细心的读者可能早已感到，许多超导材料的 T_c 都太低。的确如此，这使人深以为憾！在 1986 年以前世界上使用超导体都离不开液氦设备，这种设备花费大而且不方便。假如有朝一日能在常温下实现超导电现象，那么，毫无疑问会使现代科学技术（如电能输送、电动机、发电机等）发生深刻的变革。当然，从 1986 年以前看来，实际如果能在液态氮、液态氧（77.3K，90.3K），或者即使在液态氢以上附近（比如 25K）实现超导电性，那所发生的技术革新也是了不起的。因此，提高超导体转变温度 T_c，已成为当时科技领域中非常活跃的问题。本章只叙述 1986 年以前寻求提高 T_c 的历史。本书第八章再专讲高温铜氧化物超导体（1986 年发现）。

自从卡末林·昂内斯发现超导电性以来，人类在提高 T_c 问题上创造了哪些纪录呢？表 6.1 列出了一些重要的里程碑。从表中可以看到进展是稳步而缓慢的，而自 1986 年以来纪录大幅度刷新。早在 BCS 理论问世之前，人们就从大量实践中摸索了一些提高 T_c 的经验方法，约在 1942 年德国物理学家尤斯蒂发现氮化铌（NbN）的 T_c 较高，他后来虽然误认为 NbN 的 T_c 可达 80K，但无论如何可以认为，在 20 世纪 40 年代人们以经验方法初次窥测到高 T_c 的曙光，这距离卡末林·昂内斯发现超导已有 30 年。在 50 年代查明，NbN 的 T_c 约 15K，此后又经过二十多年才找到 Nb_3Ge。1986 年发现高 T_c 氧化物超导体：

$$Ba_xLa_{5-x}Cu_5O_{5(3-y)}\quad (x=1 \text{ 或 } 0.75,\ y>0)$$

表 6.1 一些超导材料的观测年代及 T_c 值

物　质	T_c（K）	观测年代
Hg	4.2	1911
Pb	7.2	1913
Nb	9.2	1930
V_3Si	17.1	1954
Nb_3Sn	18.1	1954
$Nb_3Al_{0.75}Ge_{0.25}$	20.5	1967
Nb_3Ga	20.3	1971
Nb_3Ge	23.2	1973
$YBa_2Cu_3O_{7-y}$	～90	1987

1957 年 BCS 理论问世，于是除去从经验方法探索高 T_c 的工作之外，又开辟了理论上探索高 T_c 的战线，而且后者对前者的工作也有不少影响。我们在第三章讲到 BCS 的 T_c 公式为

$$T_c \approx 1.14\hbar\omega_D \exp[-1/N(0)V]$$

这公式又可写成

$$T_c \approx 0.85\Theta_D \exp\left[-\frac{1}{g}\right]$$

其中 $g \equiv N(0)V$，叫做电声耦合常数，Θ_D 为德拜温度。随后，大量理论工作表明，对许多超导体来说，电声耦合常数 g 值约在 0.1 到 0.4 范围内，而德拜温度 Θ_D 在 100K 到 600K 范围内。$g \ll 1$ 的超导体称为弱耦合超导体，BCS 理论能很好地解释它们的行为。BCS 的 T_c 公式给人们以启示：如果德拜温度 Θ_D 高，且电声耦合常数 g 大，则 T_c 就高，金属氢的德拜温度曾预期为 3500K，这就使人们期望金属氢是高 T_c 超导体（见本章）。另外，后来人们逐步发现有些

超导体 g 达到 1，甚至超过 1；g 越大表明电声耦合作用越强，对于这种强耦合超导体，人们发现 BCS 公式不太合乎实际。麦克米伦在 1968 年首先从理论上得出了强耦合超导体 T_c 公式，限于本书目的，对此理论不去谈它。我们只是指出，从理论和实验去探索增强电声耦合强度的途径是值得重视的一个方面。

除了沿 BCS 超导机制探讨高 T_c 外，人们还提出了有关超导机构的新设想。例如，设想与电声子相互作用机制完全不同的激子机制引起电子间相吸作用，还有有机超导体等，我们将在本章专节介绍。但是截至 1985 年为止，这些五花八门的设想结果并没有一个实现，或许其实现的主要关键有赖于崭新的合成材料技术的发展。而在目前，探讨高 T_c 的经验方法仍然是提高 T_c 的有力手段。回段整个历史，我们似乎可以认为，提高超导 T_c 问题是一项十分艰巨的工作。

激子超导电性

大家知道，电子之间本有库仑排斥力，但在超导体内的两电子间由于交换声子而产生了吸引作用，当这种吸引作用超过两电子间的库仑排斥作用时，两电子就形成电子对引起超导电性，这就是电声子机构的超导电性；历史经验表明，在这种机构下，提高超导转变温度 T_c 的工作是艰巨而缓慢的。有没有其他类型产生超导的机构呢？声子是晶体格波的量子，有没有其他形式的波扰动导致两电子间产生吸引呢？1964 年勒特耳首先提出了这一问题。自那时以来，对这类问题的讨论真是波浪起伏，争论激烈，有时似乎出现希望，但随而又“破灭”，至今并没有取得公认结果。当然这问题本身是引人入胜的，我们来简单介绍一下勒特耳的设想。

在勒特耳的设想中，不是利用交换声子（离子晶格格波的能量激发），使两电子间产生吸引，而是使两电子间交换激子而产生吸引作用。所谓激子是指由于一种电子系统的极化所导致的能量激发。为具体起见，勒特耳设想了一种结构的有机分子，它由两部分组

成。如图 6.1，A 表示长链部分（或形象地称为“脊椎骨”Spine），它是电子导电的主体部分；另一部分是联到“脊椎骨”的一系列旁链 B（或形象地称为臂）。假设在旁链分子中有正电荷从 B 链的左端到右端发生振荡（电荷极化），按照量子力学，这种电荷振荡系统的能量是量子化的，设其基态与第一激发态之间的能量间隔（能量子）为 $\hbar\omega_e$，称 $\hbar\omega_e$ 为激子。在长链 A 中的电子与产生电荷极化的旁链分子发生相互作用，这是电子-激子相互作用，而通过激子作为中间媒介，有可能在两电子之间产生一种净吸引作用。图 6.2 是两电子通过激子耦合的示意图，图中粗线代表激子系统，$|i\rangle$ 表示其基态，$|\alpha\rangle$ 表示其激发态。图中左半表示“脊椎骨”中第一个电子与激子系统相互作用，电子 1 放出一个激子使激子系统从基态 $|i\rangle$ 激发到 $|\alpha\rangle$ 态；图中右半表示激子系统与电子 2 相互作用后从激发态 $|\alpha\rangle$ 回到基态 $|i\rangle$，这时激子被电子 2 所吸收。这样，电子 1 和电子 2 由于交换激子产生一种间接相互作用。如果这种激子机制能产生两电子间的净吸引，那么，可以预期将出现超导态，这就是所谓的激子超导电性。勒特耳对他提出的特别是图 6.3 所示的长链和旁链分子做了粗略的理论估计。结果表明确实可以产生净的吸引作用，而相应的激子超导转变温度 T_c 竟达 2200K！

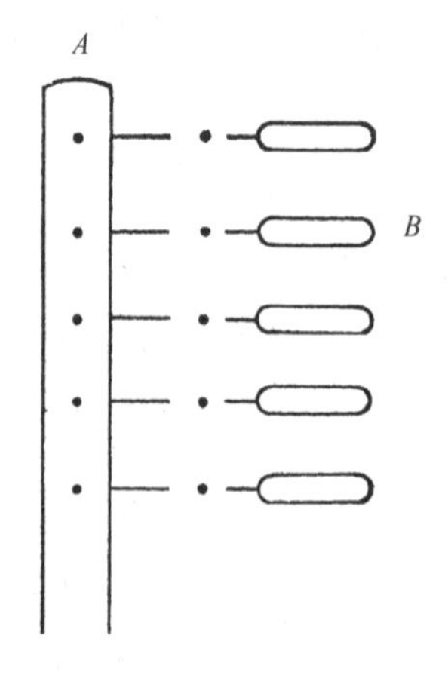

图 6.1　勒特耳设想的有机分子结构示意

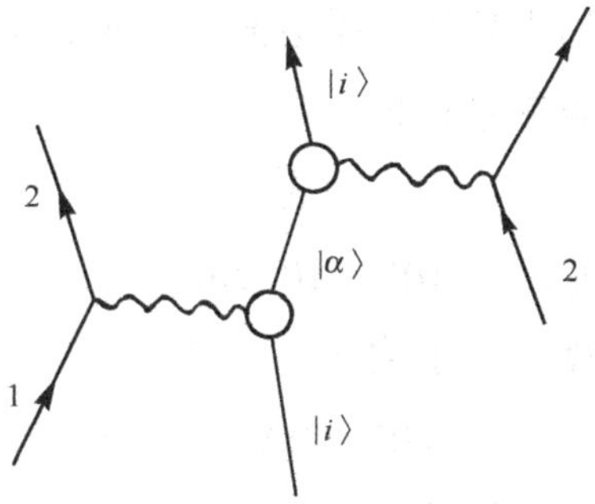

图 6.2　由激子机制产生两电子间吸引

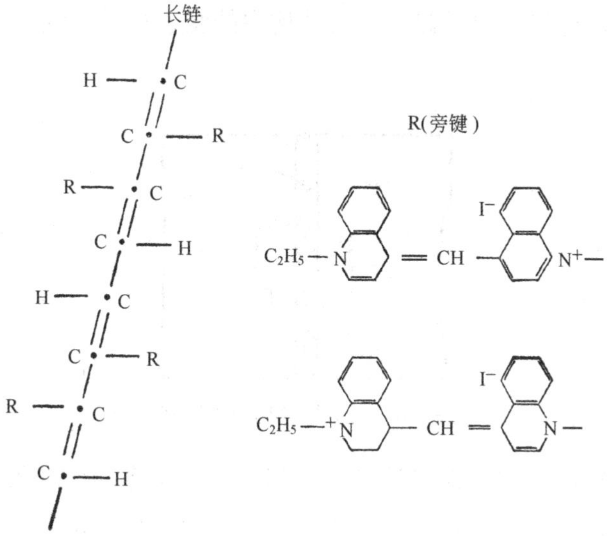

图 6.3　勒特耳设想的长链和旁键分子

勒特耳的思想在许多物理和化学工作者中引起了广泛兴趣。在勒特耳设想中，超导电性在“脊椎骨”链中产生，这是一种低维（低于三维）超导体，它和通常讨论的三维晶格超导体很不一样。许多理论对一维系统能否产生超导有序提出异议。苏联金斯贝格提出了一种实现激子超导电性夹层结构的建议（二维系统）。图 6.4 示意表示了这一设想，以介质-金属-介质三者形成夹心层，在介质区传播激子，金属内的两电子借交换这些激子而彼此吸引。金斯贝格认为金属层要很薄，最好只有 10Å 左右厚（相当于三四层原子），

这金属层的两表面用半导体介质层覆盖。他估计实现这种夹层结构激子超导电性的可能条件如下

金属膜厚度：　　10～30Å

金属内电子密度：　　10^{18}～10^{23}cm^{-3}

半导体介电常数：　　1～30

激子能：　　0.03～3eV

金斯贝格还建议一种颗粒结构，即在一介质体内弥散分布着许多金属小颗粒或小薄片。在这种机构中，每一颗粒（或薄片）周围为介质所包围，可能实现类似于夹层结构中的激子超导电性。

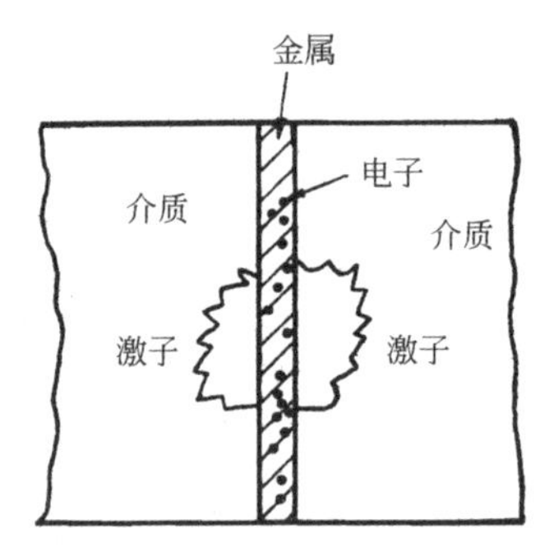

图 6.4　夹心层结构激子机制

尽管理论上作了很多设想，但问题是，迄今为止还没有实验事实能够肯定激子超导机构；至少可以说，目前制造材料的工艺以及化学合成技术还造不出勒特耳或金斯贝格等人设想的超导材料。这里值得提起的是，在勒特耳设想的影响下，实验工作者制成了有机导体 TTF-TCNQ（四硫富瓦烯-四腈代对苯醌二甲烷），并对它的性质进行了广泛研究。图 6.5（a）、（b）分别是 TTF 和 TCNQ 的分子结构，图 6.5（c）表示 TTF-TCNQ 晶体结构；图中表示了 ***a***，***c*** 晶轴方向，而 TTF，TCNQ 分别沿另一晶轴方向 ***b*** 堆积而成 TTF 链；TCNQ 链。由于分子大而平，并分别堆积而成链，所以这种晶体是高度各向异性的，沿堆积轴 ***b*** 轴的电导比横的方向要高得多。沿堆积轴方向其室温电导达 500～1000（欧·厘米）$^{-1}$，当温度降低

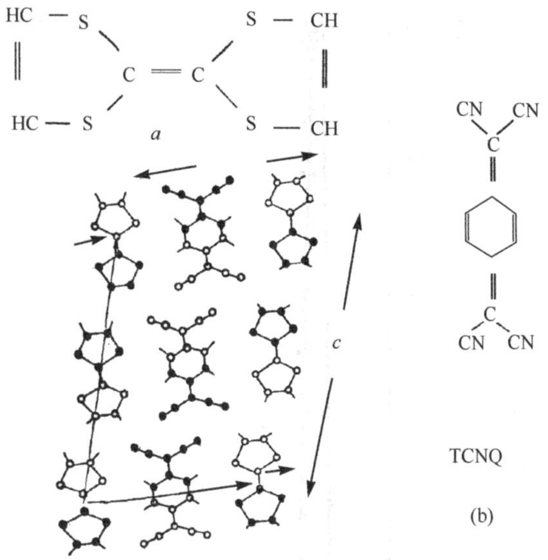

图 6.5　TTF-TCNQ 结构

时电导率增加，在 58～60K 附近发现一个电导峰（见图 6.6），当温度再降低时电导突然下降，从金属转变为电介质。在 60K 附近的电导峰值大小随样品不同而异，一般达 10^4（欧·厘米）$^{-1}$，在少数几个样品中电导峰值超过 10^6（欧·厘米）$^{-1}$；作为比较，我们指出在 0℃铜的电导率为 6.5×10^5（欧·厘米）$^{-1}$，银的电导率为 6.7×10^5（欧·厘米）$^{-1}$，可见在 60K 有导机体 TTF-TCNQ 出现的电导峰值是很高的，这自然引起了人们广泛的兴趣。实验研究表明，在晶体 TTF-TCNQ 中约有 0.7 个电子从每个 TTF 分子转移到 TCNQ，从而形成带正电的 TTF^+及带负电的 $TCNQ^-$。这使人联想到勒特耳提出的“脊椎骨”链和旁链，似乎 $TCNQ^-$起着“脊椎骨”链的作用，TTF^+起着旁链作用，但是在这方面未能给出定量说明，而对 TTF-TCNQ 电导峰的来源则众说纷纭。一种看法是对实验本身持否定态度，认为这种不寻常的高电导是由于一些实验技术原因造成的。还有一种看法认为这种高电导是要在比 60K 低的温度下出现超导的前奏，但由于晶格出现了某种不稳定性阻碍了超导态的出现，在没有达到超导态之前，晶体已经转化为电介质。目前多认为 TTF-

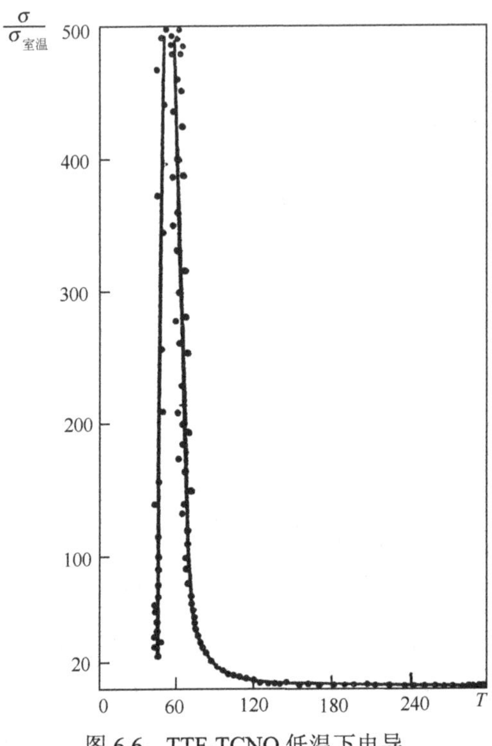

图 6.6　TTF-TCNQ 低温下电导

TCNQ 不是超导体而只是一类有机导体的典型。近年来人们还造出了许多类似的有机导体（如 TTT_2I_3，四硫丁省碘化物，在室温下其电导率约为 1000（欧·厘米）$^{-1}$）。对这种有机导体的研究已成为材料研究中活跃的方面之一，不管将来是否能在这方面实现勒特耳的超导设想，有机导体的研究必将在新材料方面打开一条崭新的阵线。

在地球上存在有大量天然的或人工制成的各式各样的物质形式（化合物、合金、溶液、聚合物等）。一般地说，制造新物质属于工艺领域，而不是物理问题，但如果是在研究像激子超导体以及下节讲的金属氢的奇特物质，那是物理学工作者应该努力探索的。

金　属　氢

早在 1925 年英国物理学家贝尔纳就曾预言，只要加上足够的压力，任何物质都能变成导电的金属。1936 年魏格纳和洪汀顿着手研究了固体氢。在通常压力下，氢处于分子晶体状态，沸点约为 20.3K，凝固点为 14K，固态氢的密度是 0.076 克·厘米$^{-3}$，它是一种电介质，不导电，但是，当压强足够高时，原子的电子壳层处于被压垮状态，其电子将摆脱质子的束缚而公有化，于是整个物质就转变为金属状态。魏纳格等估计，约在 80 万到 260 万大气压下，氢原子中的电子将公有化，这时固体氢变成金属氢。这种高压接近于地球中心处的压强，那里大约是 300 万大气压。随着金属氢问题的提出，自然产生一个问题，金属氢是不是可以转变为超导态？转变温度 T_c 是多少？理论工作者对这个问题曾作过极初步的定量估计。表 6.2 列举了一些估计结果。

这些计算结果表示金属氢的 T_c 相当高，是地地道道的“高温”超导体。不过应该小心，不要过分乐观。首先，这些理论工作是初步的。1976 年有人从理论上提出了完全相反的意见，认为金属氢的 T_c 可能只有 0.08K，最多不超过 20K！

表 6.2　对金属氢超导的理论估计

压强（Mbar）*	117	2.6	～0
原子与原子间的平均距离 r_s（Å）	0.4	0.683	0.856
晶格构造	六角密堆结构	六角密堆	六角密堆
T_c（K）	67	200	167

*1bar=10^{5}Pa。

因此，进一步进行细密的理论探讨仍是重要课题。另一方面关键在于实验工作还没有取得决定性的进展。

要得到金属氢，首先要求产生超高压强，20 世纪 70 年代以来，超高压技术有了不少进展，超高压技术已进入了获得金属氢的压强范围内，研究金属氢的超导电性日益成为重要的课题，也有过不少报道。例如，1973 年美国洛斯阿拉莫斯实验室发表了用磁压缩的动态高压法观察到金属氢的报道。图 6.7 是这种实验方法的示意图。通过圆筒形炸药的爆炸，压缩金属管和管内的磁场，被压缩的磁场在瞬间可达 1000 特斯拉（1000 万高斯）以上。500～1000 特斯拉的磁场就可以产生 1～4 兆巴的最大压强。压缩时的测量表明液氢在高压下变成了导电的金属氢。1975 年前苏联的维列夏金报告声称用静压实验实现了向金属氢的转变。同年日本川井直人声称已在室温下发现了金属氢。1978 年美国截维森等人宣称在较低的压强（约 10 万大气压）下试制金属氢也近于成功。虽然这些结果还没有被正式公认，但可以说都预示着从实验上研究金属氢超导电性的时机日益成熟。现在的问题是继续发展超高压技术，为能制备大块而稳定的金属氢努力，只有这样，才能以确切的实验证明，金属氢是否可以实现超导态以及它是否是高温超导。

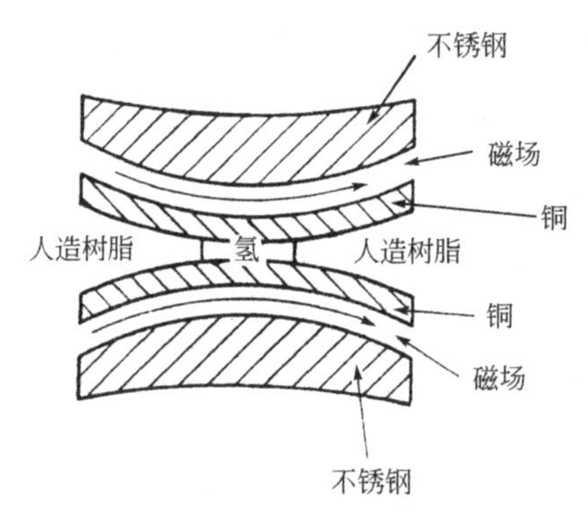

图 6.7　磁压缩的动态高压法观察金属氢示意图

值得提起的是，研究金属氢不仅对物理学有明显的重要意义，而且对天体物理学也可能具有现实意义。在一些含有大量氢的行星中具备上述超高压的条件，木星就是一例，它的温度范围 100～200K。在木星上有相当大的一部分氢可能处于超导金属氢状态。有人认为木星的磁场可能与超导氢的永久电流有关。还有一个很重要的可能性，即甚至在没有压力的情况下，金属氢也可能是稳定（或亚稳定）的。大家知道，自然界中存在着完全同样稳定的亚稳态，金刚石就是一例，它在低温和低压下具有的自由能比石墨要高一些，但仍然稳定。金属氢有没有类似情况呢？这很值得探索。还有人提出通过一些氢的合金或化合物来制备稳定的常压下金属氢相，以寻求高 T_c 超导体。值得注意，2004 年，在十万大气压下制成硼掺杂的金刚石为超导体（见第八章）。

无论如何，金属氢问题（包括氘）是目前时机逐渐成熟而且迫切需要解决的物理问题。如果在较低压强下，金属氢有足够的稳定性（即长寿命）而且还具有超导电性，那么，将引起划时代的变革。

在目前实验可及的高压下人们发现即使在低温下压缩氢仍为液态。有理论认为，这种液态金属氢可能代表一种有序量子流体的新形式，特别是在磁场下，液态金属氢可展现从超导体到超流体一系列相变，还有涡旋的二重凝聚态物质[①]。

图 6.8　固态氢漫画比喻

① 请读者参考 Nature，431，2004 年 10 月第 666 页。

T_c与晶体结构、组分的关系

晶格结构与合金（或化合物）的原子组成对超导材料的临界转变温度有明显的影响。目前具有最高 T_c 的超导体是铌三锗（Nb_3Ge），T_c=23.2K。它的晶体结构是 A-15 结构。图 6.9 表示 A-15 结构，它的化学组成一般为 A_3B（A 表示一种组分，B 表示另一种组分）。图 6.9 中大球表示 A 原子，小球表示 B 原子，从这图可以看出，A 原子排列成链（以后叫做 A 链）。在三个互相垂直的方向上 A 原子各排列成链，从而形成了三组正交（互相垂直）的链状排列网。若以 a_0 表示图中立方体的边长（晶格常数），实验测定，沿一给定 A 链上，两个相邻 A 原子之间的距离为 $\frac{1}{2}a_0$，不同 A 链间 A 原子间的最小距离为

$$\frac{\sqrt{6}}{4}a_0\ (\approx 0.61a_0)$$

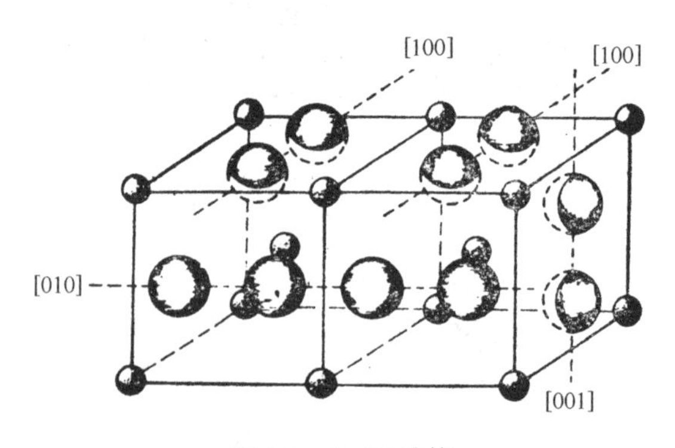

图 6.9　A-15 结构

对每一 A 原子来说，有两个距离它为 $\frac{1}{2}a_0$ 的 A 原子近邻，有 8 个距离它为 $0.61a_0$ 的 A 原子次近邻。此外，在

$$\frac{\sqrt{5}}{4}a_0\ (\approx 0.56a_0)$$

处与 4 个 B 原子紧相邻。经验表明，A-15 结构是有利于实现超导

电性的结构之一。1953 年哈第和休尔姆首先发现了转变温度为 17.1K 的钒三硅（V_3SiA-15 结构）。紧接着马梯亚斯发现了铌三锡（Nb_3Sn），T_c=18.1K。目前已制成的几十种 A_3B 化合物中不少是具有较高 T_c 的，如钒三镓（V_3Ga）T_c=16.8K，铌三镓（Nb_3Ga）T_c=20.3K，铌三铝（Nb_3Al）T_c=18.5K，Nb_3（Al，Ge）T_c=20.5K，直到 1979 年，最高 T_c 的纪录保持者 Nb_3Ge，仍是 A-15 的结构（T_c=23.2K），这是在 1973 年制成的。

一个值得注意的事实是：尽管理论工作者曾为高温超导问题提出过许多设想，但还没有一个得到实现，几十年来超导体转变温度的提高是靠着大量实践以及由此摸索到的一些经验规律缓慢前进的。早期，马梯亚斯曾经摸索到一个经验规律，在提高 T_c 方面起过不小的作用。图 6.10 表示这个经验规律，图中纵坐标是 T_c，横坐标是每原子的价电子数 Z（在合金或化合物中取每原子的平均价电子数 $\bar{Z}$）。图中明显地看出当 Z=3，5，7 时 T_c 有峰值。这个规律对过渡元素及许多超导合金、化合物都适用。马梯亚斯曾借助这个规律发现了 Nb_3Sn 这个高 T_c A-15 化合物。对于 A-15 化合物来说，虽然 T_c 峰值向低 $\bar{Z}$ 方向有些小移动，但基本上仍服从上述经验规律。尽管靠这种经验方法获得了很多 A-15 结构的高 T_c 超导材料，至今仍未能对它做出满意的理论解释。1964 年维格特别注意了在 A-15 结构中 A 原子所形成的链状排列事实。从晶格结构看来，这确是 A-15 结构的一个明显特点，特别是在一条 A 链上，A 原子

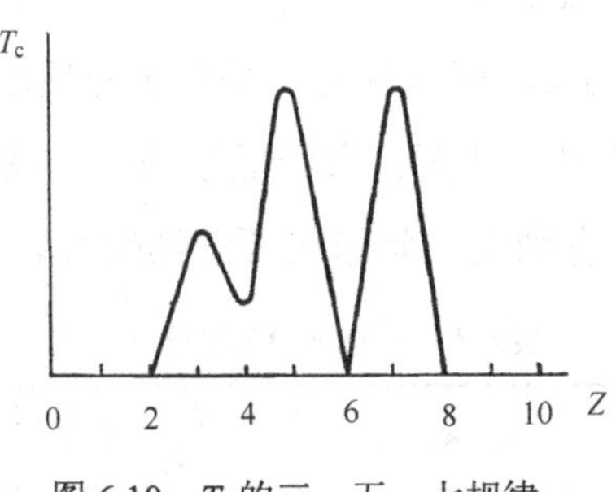

图 6.10 T_c 的三、五、七规律

之间的最近距离很短（只有 $0.5a_0$）。在 A-15 结构中两个最近邻 A 原子之间的距离比起纯 A 元素晶格中原子间最近距离还要小。维格以这种 A 链概念为基础，提出了一个近似理论。读者当记得，在第四章中我们讲到 BCS 理论，它得到一个 T_c 公式

$$kT_c = 1.14\hbar\omega_D \exp\left[-\frac{1}{N(0)V}\right]$$

其中 N（0）代表电子在费米能处的态密度。以 A 链模型为基础的维格理论指出：A 链结构可以导致 N（0）的尖锐峰值，于是，按上述 BCS 公式这就要导致高 T_c。表 6.3 列举了一些 A-15 结构化合物的 T_c，N（0），Θ_D。这个表中的 Nb_3Sn，V_3Si，N（0）大，确实 T_c 也相当高，这可由维格理论解释。但表中 Nb_3Sn，Nb_3Al 两种 A-15 结构化合物相比 Θ_D 相同，态密度 N（0）相差一倍，但两者的 T_c 却几乎相同，这是上述理论无法解释的。尤其值得注意的是，1986 年以前最高 T_c 纪录保持者 Nb_3Ge 的态密度并不高。这些事实都说明，只用态密度峰值至少不能把所有的 A-15 结构化合物高 T_c 原因都做出圆满的解释。从理论分析看来，有迹象表明：在 A-15 结构中，A 原子周围最近邻的 B 原子数（可称为异质配位数）及 B 原子的电子结构性质直接影响着超导体中电声相互作用（应该讲电声矩阵元，这里不详谈这个问题了）。新实验给了这种观点以很大支持，把 Nb_3Ge 做成非晶态时，它的临界温度从 23K 左右剧烈下降到 3.9K 左右；结构分析表明，这时在 Nb 原子周围最近邻的 Ge 原子只有两个（可以说异质配位数为 2），而在 A-15 晶体结构中 Nb 的异质配位数为 4，可以认为正是由于异质配位数大幅度的降低削弱了电声相互作用，从而大大降低了 T_c。当然，整个说来 A-15 结构为什么对超导有利这一问题仍要继续研究。

表 6.3　一些 A-15 超导化合物

化合物	T_c（K）	N（0）态数/电子伏特·原子	Θ_D（K）
Nb_3Sn	18.0	4.4	290

续表

化合物	T_c（K）	N（0）态数/电子伏特·原子	Θ_D（K）
Nb_3Al	18.55	2.1	290
Nb_3Ge	23.2	2.1	302
Nb_3Au	10.8	2.6	280
V_3Si	17.1	5.5	330
V_3Ga	16.5	7.1	310
V_3Sn	3.8	1.9	347
Nb（作比较用）	9.22	2.2	277

除 A-15 结构外，实践表明，具有 NaCl 结构的一些化合物也常具有较高的超导转变温度，图 6.11 表示 NaCl 的晶体结构。属于这种结构的超导材料如铌-氮（NbN），T_c=16.1K，铌-碳（$NbC_{0.977}$），T_c=11.1K，钽-碳（$TaC_{0.987}$）T_c=9.7K 等，此外，还发现 NbN 与 NbC 组成固溶体的超导转变温度比 NbN、NbC 都高，如 Nb（$C_{0.28}$，$N_{0.72}$）的 T_c=17.9K。直到 20 世纪 60 年代末，对于制备高 T_c 超导体的人来说，上述两种立方结构似乎是唯一感兴趣的结构了。

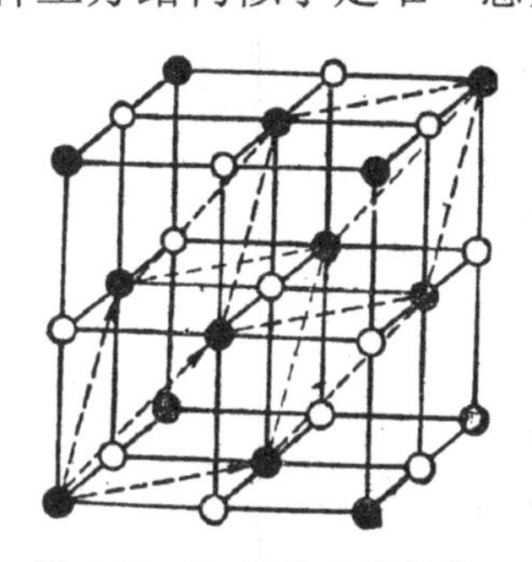

图 6.11　NaCl 的晶体结构

在 20 世纪 60 年代末，高尔吉和斯克拉茨等人采用高压、高温处理制备三碳金属化合物 A_2C_3［这里 C 表示碳原子，A 元素可以是钇（Y），钍（Th），镧（La）等］以及同类型的三元系化合物（$Th_{1-x}B_x$）$C_{1.5}$，（$Y_{1-x}D_x$）$C_{1.5}$（其中 B 代表元素如 La，Y，Sc，Lu，Er，Ho 等，D 代表 Au，Ge，Si，Ca，Ru，Ti，Zr，Cr，Mo，W 等），表 6.4 列出了这类型的一些化合物及其超导转变温度。从表 4.1 看出这类化合物的超导转变温度也都比较高，其中尤以（$Th_{0.3}Y_{0.7}$）$C_{1.55}$ 为最高（T_c=17.0K）。这些化合物不只是提供了一种产生高 T_c 的晶体结构，而且提供了两点新鲜的事实：第一点是它使人们把注意力集中到周期表中一个新部分上，即包括大量稀土族元素的部分；第二点是，这类化合物打破了前述的 3，5，7 经验规律。在它出现以前，人们一直认为 $\overline{Z}$（每原子的平均价电子数）在 3，5 或 7 附近时才有高 T_c，但这类化合物的最大 T_c 一般发生在 $\overline{Z}$ 约 3.7～3.8 范围内。

表 6.4　A_2C_3 结构超导化合物

化合物	T_c（K）
Y_2C_3	6.0～11.5
La_2C_3	5.9～11.0
$La_{0.9}Th_{0.1}C_{1.5}$	12.9
$La_{0.8}Th_{0.2}C_{1.6}$	14.3
Th_2C_3	4.1
（$Y_{0.7}Th_{0.4}$）$C_{1.5}$	16.8
（$Y_{0.7}Th_{0.3}$）$C_{1.55}$	17.0
（$Y_{0.9}Au_{0.1}$）$C_{1.30}$	10.1
（$Y_{0.9}Ge_{0.1}$）$C_{1.35}$	10.6
（$Y_{0.9}Si_{0.1}$）$C_{1.35}$	11.3
（$Y_{0.9}Ru_{0.1}$）$C_{1.35}$	11.2
（$Y_{0.9}Ti_{0.1}$）$C_{1.45}$	14.2
（$Y_{0.9}Zr_{0.1}$）$C_{1.45}$	13.0
（$Y_{0.9}Mo_{0.1}$）$C_{1.45}$	13.8
（$Y_{0.9}W_{0.1}$）$C_{1.45}$	14.5
（$Y_{0.9}Cr_{0.1}$）$C_{1.45}$	12.4

虽然人们对 3，5，7 经验规律的看法有了修正，但上述三类晶体结构都属于立方晶系，所以，长期以来人们仍认为，只有立方晶系是最有利于超导电性的。但是事态的进一步发展，使人们认识到，事实是更加丰富多变的。

1974 年用高压合成制出了六边形晶体结构的钼-氮（MoN），T_c=14.8K，它的晶体结构如图 6.12 所示。从图看出，有些钼原子稍稍偏离了正常位置，实际是每四个钼原子中有三个靠拢组成三角形的集团，集团内两钼原子间距离为 2.67 埃。近年来人们还突破了二元化合物的限制，制成了真正的三元化合物，即希弗立相。1971 年希弗立等合成一种钼硫化合物，分子式是 Mo_3S_4，这种化合物不稳定，但发现加入第三个金属元素 M 能使它稳定下来。这里，M 是某一特定元素，如 Pb，Sn，Cu，Ag，Zn，Mg，Cd，Sc 等。1972 年马梯斯等发现这类化合物有超导性，当 M=Pb，Sn，Cu，Ag 时，其 T_c 分别可达 15.2K，14.2K，10.9K，9.1K。后来又制出了类似的硒化合物和碲化合物，1973 年还发现，这类材料的上临界磁场（H_{c2}）很高，在 30～60 特斯拉之间，这些事实使人备受鼓舞。希弗立相使人们一下子开辟了另一战场，这个战场突破了两元化合物的框框，由此可以得到种类繁多的超导化合物，从而有可能从这里打开突破当时 23.2K 的缺口。

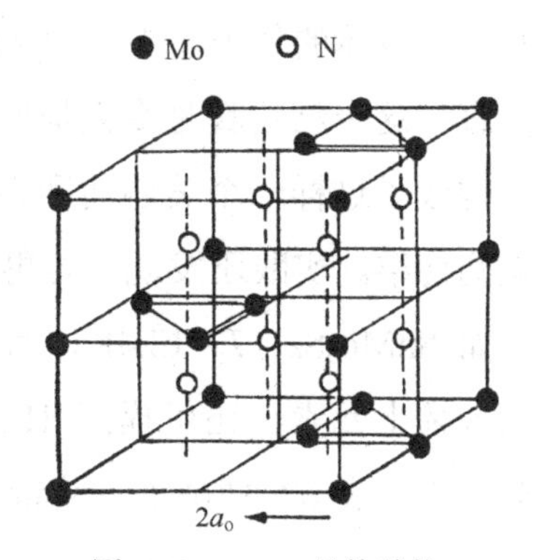

图 6.12 MoN 晶体结构

金属-钼-硫族化合物（希弗立相）的分子式可以一般地写为 $M_xMo_yX_z$，这里 M 可以是 Pb，Sn，Cu 等金属元素，X 可以是硫（S）、硒（Se）、碲（Te）等元素，在标准分子式中 x=1，y=6，z=8，但实际成分常有偏离。这类化合物的晶格是菱面体。图 6.13 是其结构示意图，图中立方体都稍有变形而成为对称的菱面体。图 6.13（a）中心是 Mo_6S_8 的菱面体，硫占在角的位置上，Mo 在面心位置上。铅原子也处在一个菱面体的角的位置上，而整个 Mo_6S_8 菱面体在后一菱面体内，图 6.13（b）示意表示了这种相互位置的全貌，图中每个立方体都是菱面体，立方体的每个角被硫原子所占有，立方体的每个面中心为 Mo 所占有，Pb 立方体的体中心为铅所占有。这个结构真是令人惊叹不止，自然界中这些元素的原子竟自动构成了这样一个美丽而和谐的立体图案。然而，美妙的构筑并未就此终结。实践还发现，若再加入第 4 个元素，有提高 T_c 的作用，例如 $SnMo_5S_6$，T_c=13.4K，而 $SnAl_{0.5}Mo_5S_6$ 的 T_c 可达 14.2K，如果加入稀土元素，还可提高 H_{c2}。此外，也可以用卤族元素代替 S，Se，Te，表 6.5 列举了一些希弗立材料的特征。

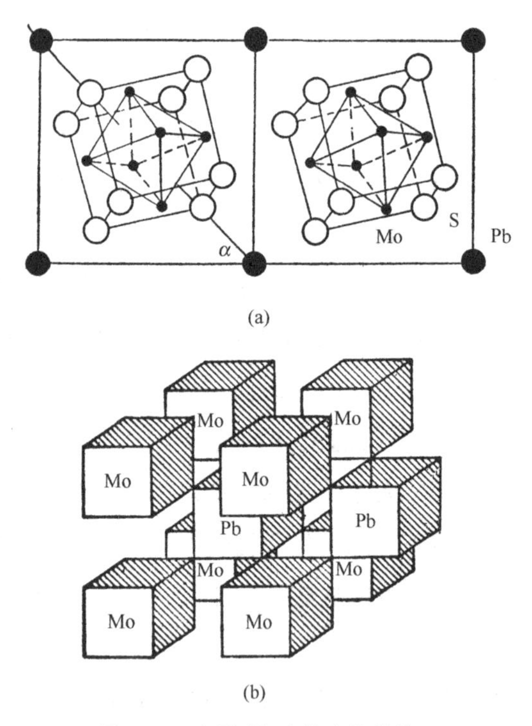

图 6.13　金属-钼-硫化合物结构

对于这些三元化合物相超导电性的研究还有待深入。马梯斯（1977 年）提出了“原子集团”假说。从图 6.13（a）可看到，在 MMo_6S_8 晶体结构中，Mo 原子占据在八面体的六个角上，组成一个比较靠拢的钼原子集团，在集团内的钼原子间距离约为 2.70 埃，这和纯钼元素晶格内钼原子间的距离差不多（约 2.73 埃）；但 MMo_6S_8 晶格内属于不同集团的钼原子间最近距离则比这数值要大

16%（约 3.26 埃，仍属金属键）。在其他一些高 T_c 超导体化合物中也出现这种聚集原子集团的现象。

表 6.5 希弗立材料超导

材料	T_c（K）	4.2K 下的 H_{c2}（kGs）
$PbMo_{5.1}S_6$	14.4	～510
$Pb_{0.9}Mo5.1S_6$	10.7	335
	14.2	—
$Pb_{0.8}Mo5.1S_6$	12.3	415
$Pb_{1.1}Mo5.1S_6$	13.1	—
$PbMo_6S_8$	15.2	—
$Sn_{1.0}M_5S_6$	13.4	290
$SnAl_{0.5}Mo_5S_6$	14.2	275
$Cu_{1.8}Mo_6S_8$	10.8	
$Sn_{1.2}Mo_6Se_8$	6.8	
$Pb_{1.2}Mo_6Se_8$	6.7	
$Mo_6S_6Br_2$	13.8	
Mo_6Se_7Br	7.1	
$Mo_6S_6I_2$	14.0	
$Mo_6Te_6I_2$	2.6	

表 6.6 给出了一些数据。在总结高 T_c 超导体这类经验事实基础上，马梯斯提出的原子集团假说认为：金属晶格中出现原子集团结构是有些高 T_c 超导体的基本特征，重要的是在出现原子集团后，在原子集团间金属原子间距离加大约 12%～20%的条件下，晶格作为整体来说，仍要具有三维金属性质，这时原子集团的出现，表示以一种方式把晶体中存在的某种不稳定性暂时稳定下来了，据信这种不稳定的存在与高 T_c 超导电性有密切关联。

表 6.6 一些超导化合物内的聚集原子

化合物	原子集团内金属原子间距（Å）	不同集团金属原子间距（Å）	金属原子集团的类型	纯金属元素原子间距离（Å）	T_c（K）
MoN	2.67	3.00	三角原子集团三维	2.73	14.8
Nb_3Sn	2.64	3.24	链排列，三维网	2.86	18.0
$PbMo_6S_8$	2.57～2.74	3.26	八面体，三维	2.73	15.2

高压强下的超导电性

早在 1925～1926 年就发现了压强对超导电性有影响，自那以后过了约 40 年，没有在这方面取得显著进展。BCS 理论问世后，于 20 世纪 60 年代，由于在低温下获得高压的方法已取得了较大的进步，研究高压下超导电性问题引起了人们很大的注意。一般说来，实验表明了非过渡族金属的超导转变温度由于加压会降低，然而有一些过渡金属及其合金在加压下，T_c会升高。例如图 6.14 表示在 0～160 千巴压强范围内铅的 T_c随压强的变化，图中铅的 T_c下降了约一半。图 6.15 给出了镧（La）的 T_c 随压强变化情况。镧有两种晶体结构，一是六角密堆结构（见图 6.16（a）），在室温下，当压强约 23 千巴时，镧变成面心立方结构（图 6.16（b））。从图 6.15 看出，具有六角密排结构的镧，超导转变温度从 P=0 时的 5.2K，增到 P=20 千巴的 8K 左右；当镧转变为面心立方后，T_c也是随压强增加而增加的。此外，对于铌、钒、铀、钡、钇等，超导转变温度也是随压强增加而增加的，姑且不谈其他现象，只是上面所

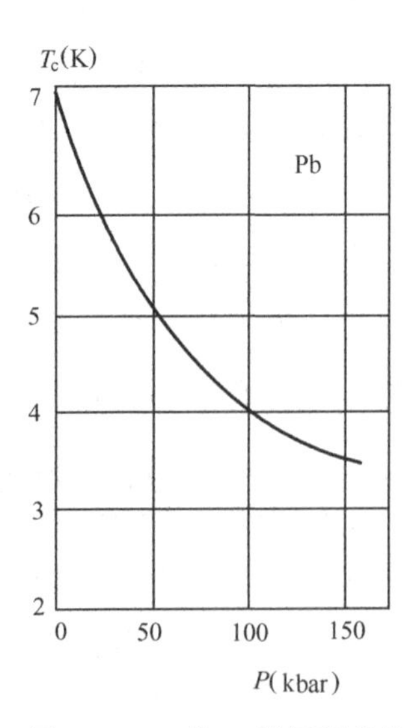

图 6.14　Pb 的 T_c随压强变化

引现象已足以引人深思：使用高压手段，超导转变温度能增加到多高呢？它又是按什么规律增加呢？此中原因何在？这些问题仍有待于进一步研究。

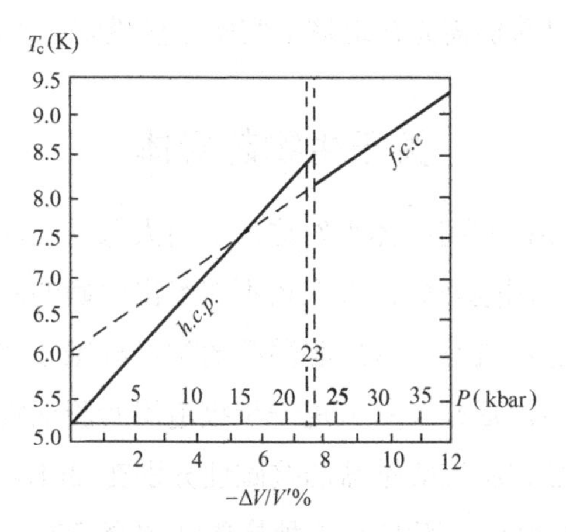

图 6.15　镧的 T_c 随加压而变

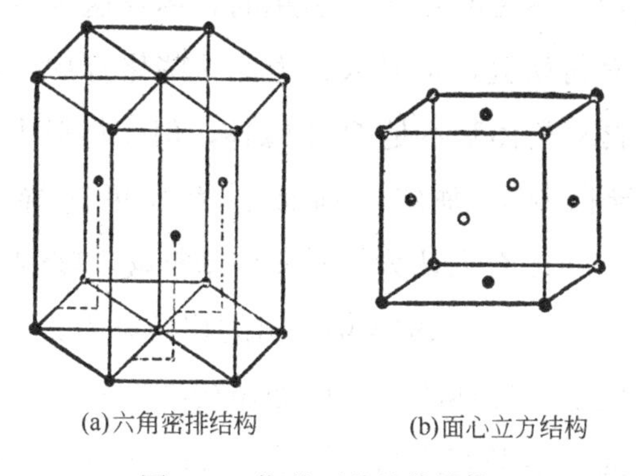

(a)六角密排结构　　(b)面心立方结构

图 6.16　镧的两种晶体结构

在高压超导问题中令人感兴趣的事还不止此，人们发现，在常压下一些没有超导电性的元素，在高压下居然变成超导元素了！例如，半导体硅在室温下于压强约 120 千巴时变为金属态，然后在相同压强下，温度降至 T_c=6.7K 时变成超导元素；半导体锗（Ge）在室温下，于压强约 115 千巴时进入金属态，它在约 115 千巴压强下的超导转变温度是 5.35K。第一章图 1.11 中给出了许多在高压下表现出超导电性的元素。这样，用加高压方法增加了在周期表中的超导元素数，这个新天地还有待于勇敢的人们去开发和探险（包括以前谈过的高压下金属氢问题）！在茫茫无垠的宇宙中，大自然是很可能在某些星球上创造出许多高压超导事例的（包括我们的地球内部），然而，目前仍需先在地球上实验室里摸索前进。

关于生物超导体

生物体内存在着超导体吗？这是个引人入胜的问题，但有关这一问题的研究还刚刚开始，现在还不能给出明确的回答。最初克柏于 1971 年报道：具有高浓度胆固醇的神经纤维某些部分，在生理温度下有超导性。后来，有人进一步报道用实验证实了：胆酸、脱氧胆酸、石胆酸、胆烷酸钠盐的抗磁性分别在 30K，60K，130K，277K 时起突然变化，而且在这种抗磁性的突变时，原子晶格结构没有变化，本质上这应是由电子引起的。尽管这种抗磁性变化与超导性的关系还有待研究，但有人认为在这些化合物中存在着高温超导区，即这些材料整体基本是 Q 绝缘体，但在材料本体内，分散着许多小的超导区域，海尔波茵称之为零星超导体（fractional superconductor）。还有人认为就脱氧核糖核酸（DNA）的分子结构而言，可能产生勒特尔于 1964 年提出的超导设想。

尽管有关生物超导体的研究还处在初级阶段，但它肯定是一个值得探索的方向。本书前几章讲过第一类超导体（它是一种整体超导体）、第二类超导体（它具有混合态），而上述零星超导体很可能是不同于以上两种的另一种超导体新的存在形式。此外，我们研究的目标可以不一定是生物超导，可先在生物高导上积累知识，使认识逐步深化。

第七章 超导应用及其展望

超 导 磁 体

第四章讲到，在 1961 年人们第一次成功地制造出超导磁体，可以说由此开始打开了超导体现代应用的篇章，自那以后，由于实用超导材料和低温技术的不断发展，超导磁体获得了越来越广泛的应用。当前超导磁体应用的范围很广，它既可以产生很强的磁场，而且体积小、重量轻，损耗电能小。

人类开始利用磁是很古的事情了。远在我国春秋战国时期，随着冶铁业的发展和铁器的使用，对天然磁石（磁铁矿）已有了一些认识。在管仲及其弟子的著作《管子》中即有磁石（当时写作慈石）的记载。现代人们使用的永久磁铁是用人工方法制成的，如铁、钴、镍合金制成的永久磁铁，三氧化二铁（Fe_2O_3）和二价金属氧化物制成的铁氧体等。一般永久磁铁两极附近的磁场在几千高斯范围内，要想再提高磁场强度是比较困难的。人们在懂得了电和磁的关系后制成了磁性更强的常规电磁铁，这是用铜线或铝线绕铁芯制成的磁体，目前电工技术上应用最多的还是这种常规磁铁，用常规磁铁产生强磁场时需要增加通入常规电磁铁的电流。这时，由于磁体电阻和磁滞损耗把大量电能转变为无法做功的热能产生了所谓“焦耳热”，从而白白浪费了大量电能。一个实验室的这种大型常规磁铁运转常需要使用几兆瓦的发电机，这是很不合算的事，然而，值得庆幸的是“柳暗花明又一村”，人类创制的第三代磁体——超导线绕制成的超导磁体应运而生，这就为在科学技术上使用更加强大的磁场打开一条路（图 7.1）。过去在供电线路上启动一个大的常规电磁铁时耗电过多甚至于会使一个城市的灯光变暗，利用超导磁体就没有这个问题了。一个 5 特斯拉的中型磁体，常规电磁体重量可达 20 吨，而超导磁体只不过几公斤，这是由于超导线的载流能力比普通铜线、铝线高出成百上千倍的缘故。另外，由于电阻产生热量的缘故，常规电磁体在磁场太高时，温度也高，会导致电线或绝缘体的熔解；这就造成一个磁场强度的最高限。超导磁体生热少，所以没有这个限度。在当时，磁场约 10 特斯拉且有相当大有效磁场体积的超导磁体已有商品出售。超导磁体目前已达到的最高磁场为 30 特斯拉，若使用常规电磁铁，需要消耗电能 7 兆瓦左右，而超导磁体只需约 15 千瓦。此外，如将常规电磁体和超导磁体适当配合组成一种所谓杂化磁体，磁场可达 22 特斯拉，甚至可达 30 特斯拉左右。在第六章里我们提到正在大力研究的新型超导材料希

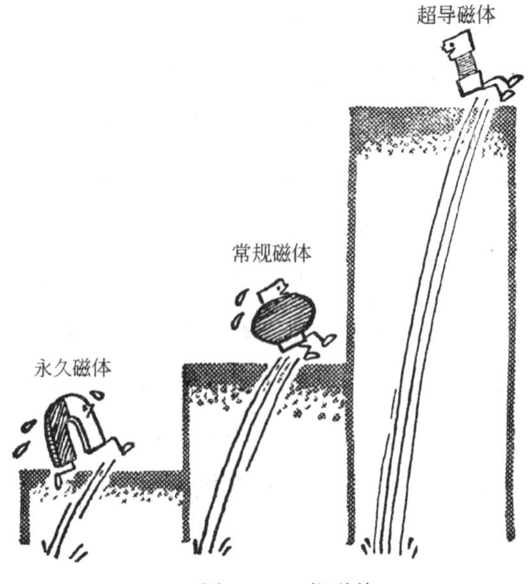

图 7.1　三代磁体

弗立相，它的上临界磁场很高，将来如果能使这种材料投入实用，预期可以制成磁场约 60 特斯拉的超导磁体。这样强磁场的产生，无疑将使人类在认识客观世界上更前进一步，强磁场下物性的秘密终究要逐步揭开。

超导磁体的诞生为物理实验技术带来了革新，例如在核物理、高能物理研究中它显得越来越重要了。大家知道，对于原子核、基本粒子世界的研究是今天物理学探索物质结构奥秘的前线。人们为了能够用实验方法研究微观粒子，就必须借助各种实验仪器来观察粒子的运动过程，间接地了解它的本性。气泡室就是其中一个重要工具：带电粒子射入气泡室中的过热液体时，会在其轨迹附近产生汽化核，因而形成气泡，由一串气泡形成雾线，显示出基本粒子的行踪。如用液态氢作气泡室中的液体则称氢气泡室。超导磁体可为氢气泡室提供一个场强高、范围大的磁场，由粒子在磁场里的运动，可推测它的质量、电荷等性质。表 7.1 列出了美国阿贡国家实验室一个氢气泡室超导磁体的参量。这个超导磁体场强为 1.8 特斯拉，线圈的总重达 45 000 公斤，但其中只有 400 公斤是纯属超导体本身的重量。日内瓦 CERN 原子核研究中心氢气泡室的超导磁体稍小，但磁场高些（3.5 特斯拉）。

表 7.1　1.8T 磁体参量

场　强	1.8T
线圈内径	4.8m
线圈外径	5.3m
线圈高	3.0m
在 1.8T 时的工作电流	2200A
电感	40H
储能	80MJ
线圈重量	45 000kg

除了用来增强我们的观察力外，随着超导技术和低温技术的发展，在核物理及高能物理的许多方面还可以使用超导磁体来协助加速。环形加速器里，粒子在磁场里绕圈，在电场的推动下，每绕一

圈增加一些动能。能量越大，就越难把粒子保持在圆形轨道上，所需的磁场就越强，于是加速器走向大型化。如把超导磁体用于大型加速器，其装置尺寸和建造费用都可能大幅度降低。在粒子碰撞器件（particle collider）设计上，利用超导技术正在与传统上用铜线圈的器件展开竞争，前者节能，而后者能在较短距离上加速粒子（参见 Nature 430 卷，2004 年 8 月，第 956 页）。

除核物理、高能物理实验外，在研究物质结构、生物分子时很重要的一些仪器（如高分辨率电子显微镜，核磁共振仪等）中超导磁体也有着广泛的应用前景。

在电力工程上，如能实现大型超导应用，那必然会在电工技术领域里引起一场革命。目前对这种大型超导应用的设想有超导电缆输电，超导发电机、电动机、超导储能，磁流体发电机以及磁悬浮列车等。我们下面将逐个谈谈这些设想。

电能的输送将是超导体最重要的应用之一，虽然要实现用超导线输送电能可能比许多其他方面的应用更难，但毫无疑问，它的实现必然是全部超导技术中一个最赋有决定性的发展。在现代世界上，几乎每隔十年对电能的需要就会增长一倍，输送容量越来越大。这样，在电能输送过程中消耗的电能是很严重的问题，因此迫切需要得到改善。目前，在用正常导体输电的情况下，为了进一步提高输电容量，只好向超高压方向发展。例如，日本已采用 500 千伏，欧美采用 750 千伏的超高压输电；但在这样的超高压下输电，介质损耗大，效率更为降低。为什么不能在输送电能中大量使用超导线直流输电呢？根本原因很明显，就是因为人们现在还找不到临界温度较高或最佳为室温下的超导体。试想在漫长距离的运输中处处都要附上低温冷却，那多么复杂？资金将高得不堪想象！然而，不论何时，用超导线进行长距离大容量电能输送可以提到日程上了。尽管 T_c 的提高十分困难，经过世界上各国多少科学家的辛勤劳动，我们相信这个目标总是可以实现的。那时，所预料的电工技术革命必将发生。

如能把超导体运用到发电机、电动机上，那又将是一个十分重大的改革。目前的发电机单机功率可达 100 万千瓦，而到 20 世纪末势必需要增加到 1000 万千瓦才行。发电机的输出容量与磁感应强度、电枢电流密度的乘积成正比。用铜铁等制成的常规电机。由于磁化强度的饱和所限，磁感应强度难于大幅度增加。而若采用超导材料线圈，磁感应强度可以提高 5～15 倍。此外，常规电机所能允许的电流密度，一般为 10^2～10^3 安/厘米 ^{2}，而超导线的载流能力可以高于 10^4 安/厘米 ^{2}。这表明超导电机单机输出功率可以大大增加。在同样的电机输出功率下，电机重量可以大大下降。一般地说，小型、轻量、输出功率高、损耗小是用超导线的发电机，电动机的优点，这些优点，不仅对于大规模电力工程是重要的，对航海舰艇、航空机上尤其特别理想。不过，就造价而言，设计计算表明，目前只是在约 100 万千瓦以上的交流发电机造价上才可与常规发电机竞争。英国于 1969 年制成了一台 3250 马力的直流超导电机，转速为 200 转/分，磁场线圈重 5.25 吨，所用超导线是在直径 0.25 毫米的铜线内含有 100 根铌-钛丝的超导线，经两年多的负载运行试验，证明基本上成功。超导交流发电机目前还处在实验室研究阶段，在实验室条件下制成了 5 兆瓦的交流超导发电机。发现高温超导后，则可以进一步试制更高功率的超导发电机。然而，这有赖于研发价廉的高温超导导体和高温超导导体制造技术的有效及可行性的提高（参见 Nature 414 卷，第 368 页）。

上面介绍的超导发电机，还只是在现有发电机原理构造的基础上加以改进，都是将热能先转换为机械能再变成电能。这种类型的现有发电厂只能使用煤或石油燃烧之后发出的热能中的大约 40%来生产电力，其余的热能从烟囱冒出后，散发到空中去了。为了提高燃料能的利用效率，人们提出了磁流体（MHD）发电。其原理自 19 世纪以来在理论上就知道了。1959 年美国的阿弗科公司预计这种拟议中的 MHD 发电厂将有能力使用它所燃烧的燃料热能的

60%。人们指望在21世纪能有一批这样的发电厂出现。

那么，什么叫磁流体发电呢？为什么这里需要利用超导体呢？图 7.2 是磁流体发电原理示意图。将气体加热到很高的温度（比如在 2500K 以上），使原子电离（这样一种高度电离的气体叫做等离子体）并通过平行极板 1，2 之间，在这里有一垂直于纸面向里的磁场 $\boldsymbol{B}$；设气体流速为 v，方向如图 7.2 中所示；这时正离子将受到一个向上（指向极板 1）的洛伦兹力，电极 1 带正电，电极 2 带负电；这样在极板 1，2 间将产生 vBd 的电压（d 为电极间距）。现在设计的 MHD 中是把燃烧的煤粉、石油或原子能发电站的废气等高温（约 3000K）气体高速喷射到用耐火材料制成的发电通道当中，在高温气体中混入少量的钾、铯等易电离的物质，使高温气体离子化，成为等离子体。由于极板间电压为 vBd，于是，磁流体发电的输出功率与磁感应强度的平方（B^2）成正比，与发电通道的体积也成正比。能否在一个大体积内产生强磁场是磁流体发电中具有现实意义的问题。超导磁体在这里正可以发挥其所长了。如果使用常规磁体，不仅磁感应强度受到限制，而且损耗大，这样，发电机产生的电能将有很大一部分被自己消耗掉，特别是在磁场超过 1.5 特斯拉时，净剩的输出功率随磁场增加急剧减小。而超导磁体恰可解决这个困难。20 世纪 70 年代初，苏联建成了一台 MHD 装置。美苏合制的 U-25B 磁流体发电装置已于 1977 年 12 月 16 日向莫斯科电网供电。由于这种发电厂利用能源的效率高，目前已引起各国注意。随着高温超导发现，磁流体发电将会进一步引起注意，预计 21 世纪它将在发电网中占重要位置。

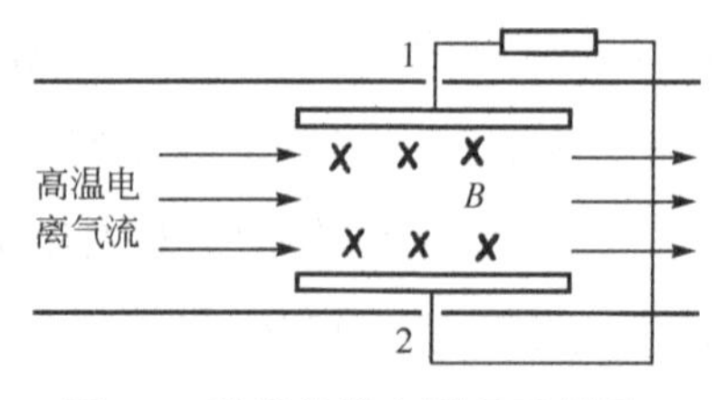

图 7.2 磁流体发电原理示意图

现在世界上能量的消耗很大，目前使用的燃料主要是煤、石油、天然气，它们不可能取之不尽，因之寻找新能源的问题，日益迫切。科学家早就注意到，当轻原子核结合时可以放出巨大的能量。例如：

$$_1D^2+_1D^2\rightarrow{}_1T^3+_1p^1+4.04\text{MeV},$$

$$_1D^2+_1T^3\rightarrow{}_2He^4+_0n^1+17.58\text{MeV},$$

其中 D、T 表示氢的同位素氘、氚，p 为质子，n 为中子。轻原子核所带正电荷电量小，彼此之间的库仑斥力也比较小，所以只需要比较小的能量就有可能克服库仑斥力的作用，使它们彼此充分接近到原子核力作用的范围之内而发生反应。例如，在实验室中被加速器加速到几万电子伏特能量的氘去轰击氚时，就有引起核反应的概率了。当然，要使大量的轻原子核发生反应，那就得把反应物质加热到极高温度，使这些物质的原子核具有很大的热运动速度，因而在它们彼此碰撞时能产生大量的核反应。如果在这些核反应中放出的能量足以维持这极高的温度而有余，那么这种核反应就能自行维持下去向外界提供能量，这种反应就叫热核反应。

当温度达到极高时，热运动能量就会使所有的分子、原子瓦解为原子核气体和电子气体的混合，即成为等离子状态。理论分析表明，要想产生自己维持（受控）的热核反应，需要满足三个条件：温度足够高（$\approx10^8$K），等离子体的密度足够大（$\approx10^{15}$ 个/厘米^3），而且要把等离子体约束一段时间。一旦受控热核反应得以实现，那么人们从每升海水中提取 0.03 克的氘就能产生相当于 300 升汽油的能量，仅海水这个能源就可以用上几十亿年以上。但是实现受控热核反应是很困难的；其中困难之一就是怎样约束往高温等离子体，任何容器都无法承受这样的高温。现在人们想出用强磁场来约束等离子体的办法，即所谓“磁笼”，就是说用强磁场来把等离子体悬挂空中。若用常规的铜绕磁体提供磁场就需消耗掉由热核反应本身所产生的巨大能量，以致得不到正的功率。在这种情况下，超导磁体的应用，当然提到了重要的位置。图 7.3 表示用磁场约束等离子体的原理图。由于带电粒子受到洛仑兹力，它将绕着磁感应线绕圈子，磁场越强，回旋半径就越小，于是在很强的磁场中每个带电粒子的活动就被约束在每根磁感线附近很小的范围内（图 7.3（a））；图 7.3（b）的装置则可使带电粒子沿磁感应方向的运动也被约束在一定范围内（磁镜）。

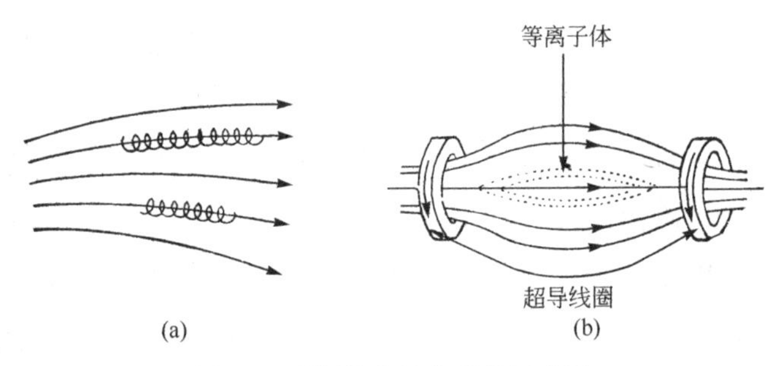

图 7.3　磁场约束等离子体原理图

苏联于 20 世纪下半叶建成的可控热核反应装置“托卡马克-7号”就是改用超导材料制成的线圈通电产生磁场的。据报道，耗费的电功率只是以前用铜线圈的几百分之一。

为适应日益繁重的铁路运输任务，在 20 世纪 60 年代提出了磁悬浮高速列车的设想。1966 年波维耳等建议利用超导磁体和路基导体中感应涡流之间的磁性排斥力把列车悬浮起来运行。具体地说，如图 7.4 所示，在车辆底部安装超导磁体，在轨道两旁埋设一系列闭合的铝环，整个列车由埋在地下的线性同步马达来驱动。当列车运行时，超导磁体产生的磁场相对于铝环运动，由电磁感应原理，在铝环内将产生感应电流；再根据楞次定律，超导磁体和导体中感应电流之间的电磁相互作用必然产生一个向上的浮力（排斥力），浮力大于重力时，列车就凌空浮起。列车停止时，铝环内感应电流也随之消失，所以，在开车和停车时，仍需车轮。当时速超过 550 公里时，前进的阻力只是空气的阻力了，如要进一步减小阻力，可以设想在真空管道中运行，时速可提高到 1600 公里，表 7.2 是现代高速运行的时速比较。

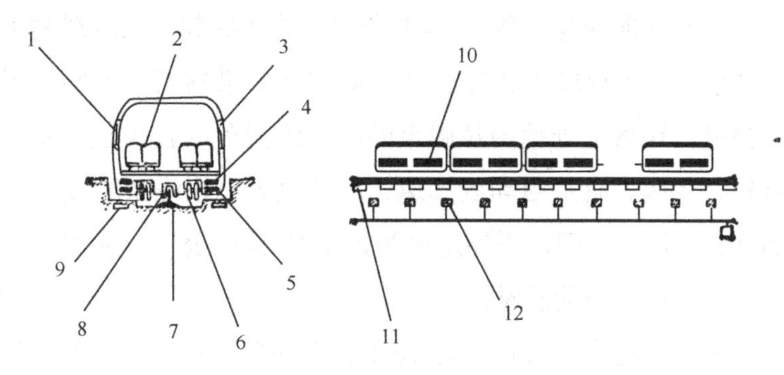

图 7.4 超导磁悬浮列车原理图
1、3．车窗 2．坐席 4．液氦贮槽 5．超导磁体 6．车轮
7．驱动用轨道 8、12．驱动用线性同步电机 9、11．闭合铝环
10．车上磁悬浮装置

表 7.2 现代高速运行的时速比较

运 载 工 具	时速（km/h）
内燃机车	200
民航客机	700～800
超导列车	550
真空管道中超导列车	1600
协和式飞机	2000

磁悬浮列车与当今的高速列车相比，具有许多无可比拟的优点：由于磁悬浮列车是轨道上行驶，导轨与机车之间不存在任何实际的接触，成为“无轮”状态，故其几乎没有轮、轨之间的摩擦，时速高达几百公里；磁悬浮列车可靠性大、维修简便、成本低，其能源消耗仅是汽车的一半、飞机的四分之一；噪声小，当磁悬浮列车时速达 300 公里以上时，噪声只有 656 分贝，仅相当于一个人大声地说话，比汽车驶过的声音还小；由于它以电为动力，在轨道沿线不会排放废气，无污染，是一种名副其实的绿色交通工具。

随着超导和高温超导热的出现，推动了超导磁悬浮列车的研制。简单地说，超导磁悬浮列车是利用超导磁石使车体上浮，通过周期性地变换磁极方向而获得推进动力。

目前世界上磁悬浮列车技术领域中日本和德国两个国家占据领先地位。德国现拥有一条长 34.5 公里哑铃式的载人磁悬浮列车试验线，其最高运行速度可达每小时 450 公里，载客时车速则为每小时 420 公里。这条地处德国拉滕市的磁悬浮列车试验线已经安全运行了 15 年之久。它从启动到加速、减速直至停车绕试验线两圈仅需不到 10 分钟的时间，平均速度为每小时 300 公里，人们乘坐时丝毫没有一点不舒服的感觉。

日本也已建成一条长度为 18.4 公里的超导磁悬浮列车试验线，其最高运行速度可达到每小时 550 公里。据有关专家介绍，日本之所以研究和发展超导磁悬浮列车，是因为超导磁悬浮列车 100 毫米的悬浮间隙比常导磁悬浮列车的 10 毫米悬浮间隙更能抵御地震灾害对列车运行的影响，而日本恰恰是属于一个多地震的国家。

而在中国上海浦东兴建的商业性磁悬浮列车线揭开了人类交通史上令人振奋的光辉篇章，它向世人展示了磁悬浮列车的美丽风采。

上海浦东新区龙阳路地铁车站已成为世界第一条商业性磁悬浮列车线的起点，车站的东边是浦东铁路线和磁悬浮列车线，西边则是一个大型的公交车站群，南来北往的人们可以轻轻松松地乘上磁悬浮列车。浦东磁悬浮列车线的另外一头则设在浦东国际机场，磁悬浮列车线从龙阳路站出发，划一个漂亮的弧线在横沔镇附近接近外环线的环南大道，然后再与迎宾大道平行向前直达浦东国际机场，车站就设在机场入口处旁边，人们下车后进出机场十分方便。届时，旅客从龙阳路站到浦东国际机场乘坐磁悬浮列车仅需 6～7 分钟的时间（图 7.5）。

发展磁悬浮列车交通有利于保护环境。它在运行时不与轨道发生摩擦，且爬坡能力强、转弯半径小，所以发出的噪声很低（只有当时速达到 200 公里以上时，才会产生与空气摩擦的轻微噪声）。它的磁场强度非常低，与地球磁场相当，远低于家用电器。由于采用电力驱动，避免了烧煤烧油给沿途带来的污染。磁悬浮列车的爬坡能力为 10%，而一般铁路的最高坡度只有 4%。

图 7.5　上海磁悬浮列车模型

磁悬浮列车一般以 4.5 米以上的高架通过平地或翻越山丘，从而避免了开山挖沟对生态环境造成的破坏。

磁悬浮列车在路轨上运行，按飞机的防火标准实行配置。它的车厢下端像伸出了两排弯曲的胳膊，将路轨紧紧搂住，绝对不可能出轨。列车运行的动力来自固定在路轨两侧的电磁流，同一区域内的电磁流强度相同，不可能出现几辆列车速度不同或相向而动的现象，从而排除了列车追尾或相撞的可能。列车的整个安全系统可以相互检测，自动替补，这是其他交通工具不具备的，因而它是一种高安全度的交通工具。

目前世界上共有两种类型的磁悬浮列车：一种是常导吸力型（如德国的 TR 型和日本的 HSST 型），另一种是超导斥力型（如日本产的 MLU 型）。我国已在四川青城山建成了全长 425 米、时速 100 公里的磁悬浮列车旅游观光线。

超导隧道效应的应用

在第五章我们已经讲了超导隧道效应。自从 1962 年发现超导结特性以来，它的应用已经显示出强大的生命力。利用超导结制成的各种器件，具有灵敏度高、噪声低、响应速度快和损耗小等特点。超导体在低温电子学领域里已日益显示出它的重要性。利用超导结作元件的电子计算机研制工作已取得了很大的进展。下面简单谈谈超导结在电磁波的探测、电压基准监视、磁场测量和电子计算机等方面的应用。

第五章第四节讲过，在超导结结区两端加上直流电压时，它就产生频率 $\nu=\frac{2eV}{h}$ 的高频正弦电流

$$j=j_c\sin\left(\alpha+\frac{2e}{\hbar}Vt\right)$$

其中 $\hbar=\frac{h}{2\pi}$。若再用微波电磁场照射结，则 I-V 特性曲线显出 Shapiro 阶梯，即在电压值为

$$V_n=n\frac{h}{2e}\nu$$

时（n=0，1，2，…），电流增加一定的幅度电压保持常值。上式中的 ν 为照射在结上的微波频率。实验表明 Shapiro 阶梯的高度对交变电磁场的强度非常敏感，所以可利用这一点探测微弱的电磁辐射。图 7.6 表示当微波信号增强时一个约瑟夫森结 I-V 特性曲线的变化情况。在一望无际的茫茫宇宙中，各个星球发出许多微波信号，由于距离遥远，当信号到达地球时经常是微弱的；超导隧道结的上述特性恰好提供了检测宇宙中这些信号的手段，它可供我们用来检测从射频到远红外区的宽广频率范围内宇宙天体信号，灵敏度达到微微瓦（或更高），并具有毫微秒速度。这种超导结电磁波检测器在射电天文学、毫米和亚毫米波通信等

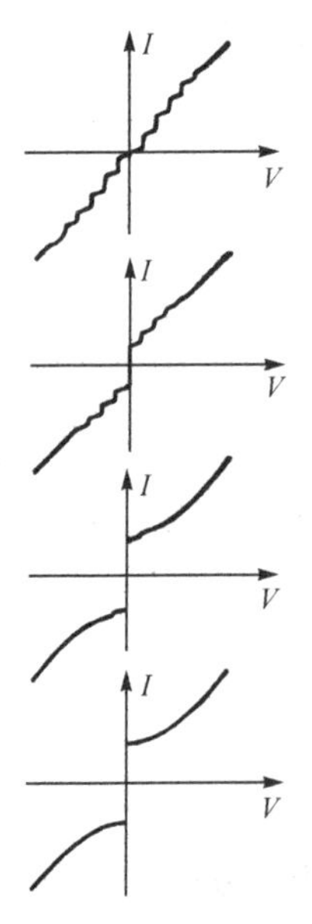

图 7.6　约瑟夫森结 I-V 特性

方面都有广泛的应用前景。关于这方面的技术新进展读者可以参考Nature 第 425 卷（2003 年 10 月 23 日，p.817）。

关于电压基准监视问题。由关系式

$$V_n=n\frac{h}{2e}v$$

可见，只要选定一个阶梯的号码，就可以通过测量频率而计算出阶梯电压。微波频率可以精确测量到 10^{-9} 甚至更高的精度。所以通过测量频率来测量电压，可以达到很高的精度。利用这一方法，监视化学标准电池电压基准器电压的变化情况，精确度高而且方法简便，已广泛采用。

现在谈谈超导量子干涉仪，简称 SQUID，它是用英文名称每个字的字头拼成的（superconducting quantum interference device）。这种仪器可用来探查或测量微弱磁场。我们在第五章讲了约瑟夫森结中 I_c 随磁感应强度的变化规律，并提及用这个现象测量磁场的可能性。不过如果用单一的结去测磁场，灵敏度不高（约 0.01 高斯）。为了改进灵敏度，人们制作了 SQUID，它的基本结构是一个包含多个超导结的超导金属环（图 7.7 是一例）。理论和实验都表明了图 7.8 所示的 I_c-B 曲线。从图中可以看到超导结的临界电流 I_c 随磁场 B 的微小变化而做急速振荡变化。利用这一现象，可以探查磁感应强度的非常微小的变化，目前分辨率可达 10^{-11} 高斯左右。这种高灵敏度的磁强计可用来测磁场、磁场稳定度，研究弱磁物质，月球岩

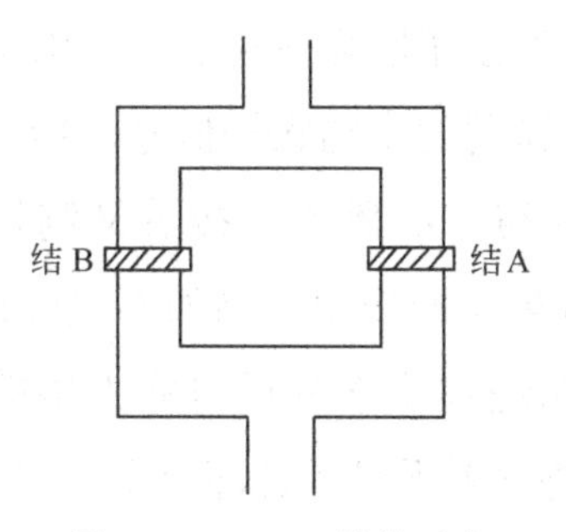

图 7.7　SQUID 结构示意

石磁性等。当我们对人体心脏跳动时的微弱磁场变化情况有更好的了解后，心磁图将代替心电图成为诊治手段。

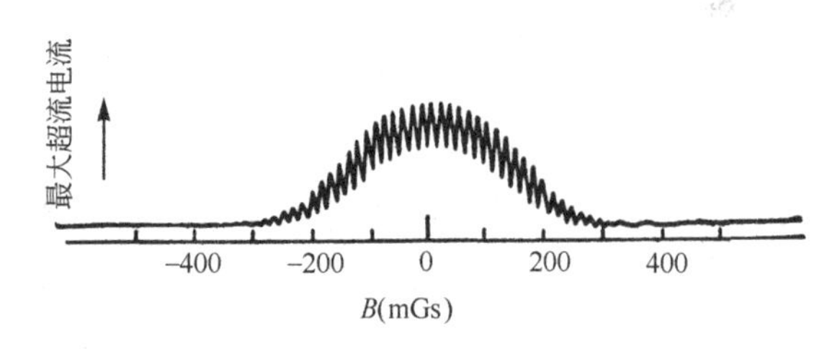

图 7.8 SQUID 的 I_c-B 曲线

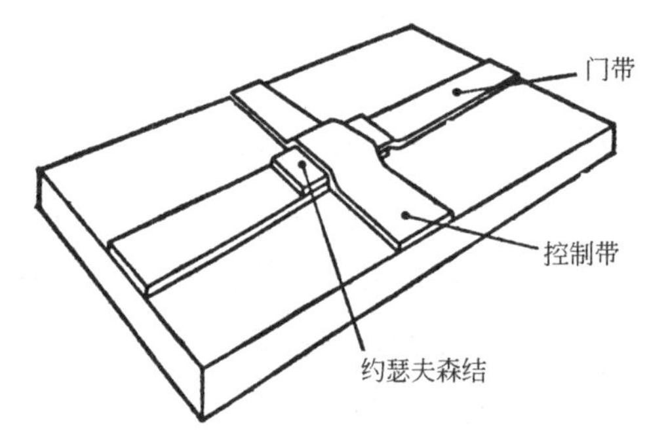

图 7.9 马梯索设计的电子计算机单元结构图

在人体的肌肉、神经、器官和组织中，往往伴随产生微弱的生物电现象。例如在心脏的搏动过程中，伴随产生较强的生物电流，记录该电流在身体表面的电位差，即是心电图。根据电流产生磁场的物理定律，生物电流也应该产生磁场，即生物磁场。生物磁场信号很微弱，用常规磁强计和磁梯度计是很难测量出来的。SQUID 磁强计出现之后，局面发生了明显变化。SQUID 磁强计和磁梯度计的灵敏度足以测量任何微弱的生物磁场信号。1970 年，柯恩等人首次用 SQUID 磁强计获得了心磁图，接着又测量了脑磁图、肌磁图等。当前有一部分临床诊断应用，例如不取肝样而测量肝中含铁浓度；从肝中取出组织进行化学分析对病人很痛苦又有危险；使用 SQUID 磁强计只要将它置于患者肝部位上即可。又如，对于某些职业，如铸造工、电焊工、矿工等，工人所呼吸的空气中含有高浓度的铁磁性污染物，因而在肺内含有铁磁性污染物，用生物磁技术极易探测。

20 世纪 90 年代芬兰与美国合作，开始使用 122 通道脑磁图 SQUID 系统开展脑磁研究。该 122 通道脑磁图 SQUID 系统采用低 T_c SQUID 器件，在一个高质量的磁屏蔽室内应用。该系统可在毫秒时间尺度内直接测量头盖骨之上的全部信号。该脑磁图（MEG）检测系统有可能与医用磁共振成像（MRI）检测系统组合使用。MRI 系统可提供清晰的非侵入性（非接触性）解剖学结构，而 MEG 检测系统可提供功能信号图谱。这样就可以把病理异常部位的解剖学数据与功能信号数据组合在一起从而给出一个积成的完整图像，导致具有临床应用意义的前景，开创神经磁学的新纪元。

高温超导体 SQUID 系统用来检测心磁图和脑磁图已有若干报道，但尚需改进。工作于液氮温区的高温超导体 SQUID 检测系统将会大大促进心磁图、脑磁图、肺磁及肝磁的医学临床应用。

概括地讲，用超导量子干涉仪可涉及如下多方面的广泛应用，值得我国开发研究：

心脏病理研究和临床应用

胎儿心磁信号研究

心律不齐非侵入性研究

癫痫病

神经外科病理定位

神经医学研究

精神病机理

心理反应研究

与人体不同部位感觉所对应的脑皮层活动部位研究

视觉神经分解能力

听觉反应通道

骨骼肌紧张与松弛状态的磁信号

肺磁职业病

肺自身净化功能

肝磁研究

针灸反应研究，针灸麻醉，痛感机制

经络研究

各种磁疗原理

生物胚胎发育时的磁信号

某些昆虫、鸟类感知地磁之机制

各种电磁辐射对生物体的影响等

生物磁学学科之发展与应用

神经医学学科之发展与临床应用

地质勘测

太空磁场观测

地震磁场研测

将一内阻很小的线圈与 SQUID 耦合就可以作为直流电压计；当线圈两端有直流电压时，就引起电流，它在 SQUID 上产生磁感应通量，因而测磁场大小就可推算出该线圈两端的电压。如果用超导体作线圈，可使内阻（包括接触点）很小，从而电压灵敏度可以很高，可达 10^{-19} 伏左右。这可用于测量热电动势、霍耳电压、电噪声、超导体内的磁通蠕变等。

最后我们谈谈超导电子计算机问题，1967 年马梯索利用一个约瑟夫森结制造成如图 7.9 所示的装置，当控制带有电流通过时，它所产生的磁场会影响通过结的临界电流 I_c。控制带上的电流脉冲可以使超导隧道结处于结电阻为零与不为零的两个状态，而且在这两个状态间的跃迁很快，可达 10^{-11} 秒左右的数量级；用它作电子计算机元件将可制出最快速的计算机。这种计算机容量大、体积小、功率损耗小。不过，要制造包含有大量的约瑟夫森结的阵列，在工艺上是困难的。美国 IBM 在这方面投入了很大力量，目前他们已经取得了一定的进展，简单的运算电脑已经实现。如果将来这种高速计算机可能具有实际广泛应用，人们的生活将发生怎样的变化呢？不妨就此设想一下。每个人都可作自己独特的科学幻想。作者在第一章中已经对这情景做了一番描述。

第八章 高温超导

高温超导技术——21 世纪的高新技术之一

人类已经进入 21 世纪。在科技战线上我国正面临前所未有的时代机遇与挑战。在诸如信息技术、生命科学技术、高新自动化技术、能源技术、材料科学技术、环境科技、外层空间技术以及军事技术上的竞争中，我们必须占有一席之地。在这许多方面，超导技术应用均涉及其中，至少在潜在前景上如此。例如在未来几十年内，人类对电能需求会急剧增长，有人估计若到 2050 年地球上平均每人的电能消耗达到今日美国人均消耗的三分之一的话，那么那时全世界电能消耗将增加 3 倍；作为世界人口大国，我国必须在发电总量、高效率输电以及节能等方面有长远的科技储备，而对 21 世纪大规模电力工程技术而言，超导线能否成功地大规模应用无疑是电力工程革命性变革的关键。在电子及信息系统方面，21 世纪内半导体技术与超导技术之竞争将继续发展，它们最终哪个占优势尚难预料。

经过 20 世纪近 100 年的努力，人类在超导领域已经积聚了大量知识储备。例如在超导材料发展上，我们在本书第六章已详述了在 20 世纪 1986 年以前为提高超导转变温度（T_c）所做的艰苦探索过程，正是在这努力的基础上于 1986 年开始超导材料的超导转变温度迅速上了一个台阶，T_c 值从液氦、液氢温区上升到液氮温区。图 8.1 显示了这一进程。当然以目前（21 世纪初）而言，室温超导尚未实现，人类尚需努力，但日程紧迫性已为人所感受，液氮温区 T_c 值的超导材料被发现，加快了超导技术应用的努力，超导技术应用有了新进展。本章下面将给读者作一介绍。

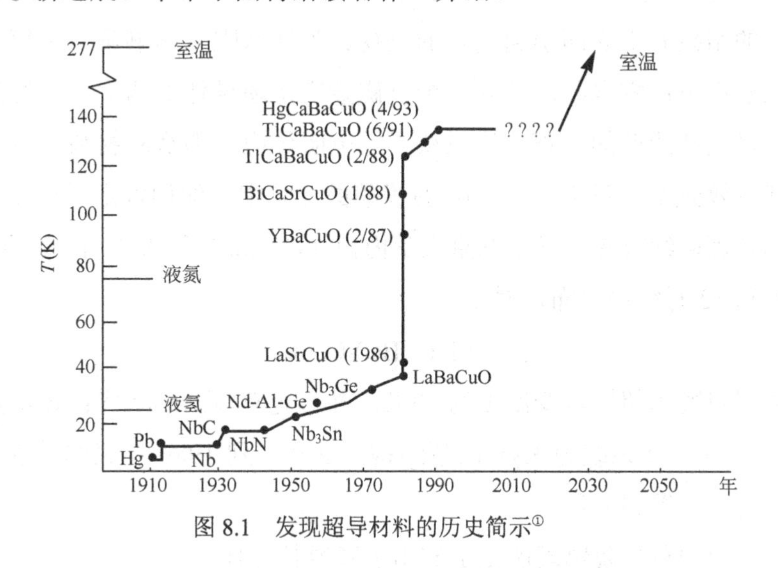

图 8.1 发现超导材料的历史简示①

液氮温区高 T_c 超导材料的发现

柏诺兹（Bednorz）和缪勒（Müller）于 1986 年发现 T_c 约在 30K 温区的高温铜氧化物超导体，为进一步发现液氮温区 T_c 值的高温超导体开辟了道路。他们于 1987 年为此获得诺贝尔物理奖。

新发现的高温超导体是氧化物超导体，这是在 20 世纪 70 年代首开的方向。1973 年约翰斯顿（Johnston）等人发现 $Li_{1-x}Ti_{2-x}O_4$ 的超导转变温度为 13.7K。1975 年斯莱特（Sleight）等人发现 $BaPb_{1-x}Bi_xO_3$ 的超导转变温度最大值约为 13K。在当时，虽然这些氧化物超导体的转变温度不如 Nb_3Ge 高（参见本书第六章），但依当时的公认尺度也不算低，所以一直有人还在此方向上探索。

① 引自 IEEE 11（2001）Carl H.Rosner 文。

IBM 的苏黎世实验室研究人员，柏诺兹和缪勒在 1986 的几年前进入了氧化物超导体方向上的研究。在初期不成功后，他们转而研究钡镧铜氧化物。1986 年 4 月他们投稿给德国《物理》杂志宣布

$$Ba_xLa_{5-x}Cu_5O_{5(3-y)}$$

（其中 x=1 或 0.75，y>0）可能在高于 30K 的温区具有超导电性。他们的结果并未立即引起同行的重视。为什么呢？本书第一章第二节已然指出：零电阻现象和完全抗磁效应是超导体的两大基本性质。柏诺兹和缪勒的首篇报道只谈了零电阻效应，那么新材料有没有迈斯纳效应呢？在 1986 年 10 月投稿的文章中，他们肯定了制作的样品有迈斯纳效应。日本东京大学内田（Uchida）等人于 1986 年 11 月和 12 月投稿宣布，对于

$$(La，Ba)_2CuO_{4-y}$$

单相观察到超导转变温度约 30K，并肯定有迈斯纳效应；还确定了 La-Ba-Cu-O 系统为 K_2NiF_4 型结构。这样，到 1986 年底柏诺兹和缪勒的工作得到公认。

中国科学院物理所报道制出了高温超导体

$$La_{4.5}Sr_{0.5}Cu_5O_{5(3-y)}$$

$$La_{4.5}Ba_{0.5}Cu_5O_{5(3-y)}$$

前者 T_c=48.6K，后者 T_c=46.3K，电阻和交流磁化率测量确认了其超导电性。

现在公认上述材料化学式为 $La_{2-x}Sr_xCuO_4$（或以 Ba 代 Sr），图 8.2 为其晶体结构，称为 La-214 系。图 8.3 显示其掺杂少量 La 族元素系列后 T_c 的变化。

为探索使超导转变温度超过液氮沸点，在 La-Ba-Cu-O 系统的基础上，以钇（Y）代镧，1987 年 2 月 6 日美国朱经武等人向《物理评论通讯》投稿宣布

$$(Y_{1-x}Ba_x)_2CuO_y$$

$$(x=0.4，y\leqslant 4)$$

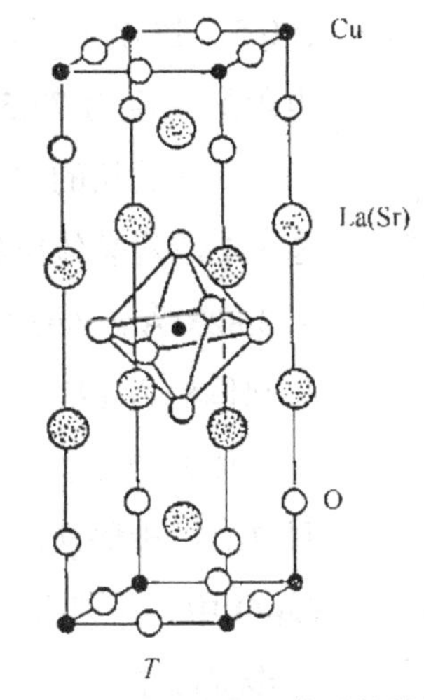

图 8.2　$La_{2-x}Sr_xCuO_4$ 的晶体结构

晶格常数：$a=b=3.791Å$，$c=11.279Å$

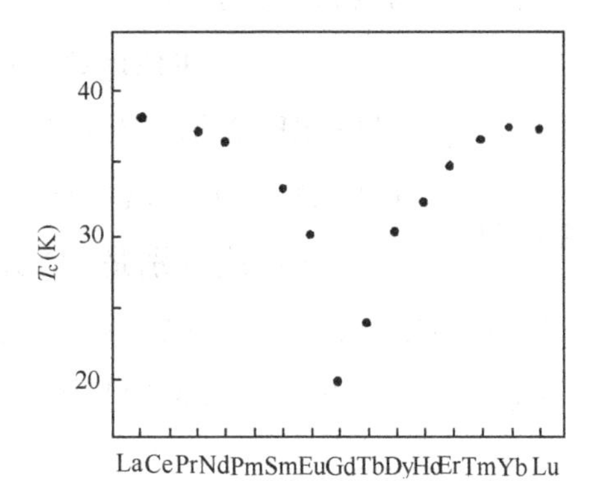

图 8.3　在（$La_{0.85}Sr_{0.1}Ln_{0.05}$）$_2CuO_4$
系统中超导转变温度随不同的镧族元素（Ln）的变化

系统于 80～93K 温区内获得稳定的超导转变。在常压下，“零电阻态”的电阻率 $\rho<3\times10^{-8}$ 欧·厘米。这是首次实现了超导转变温度在液氮沸点以上的超导。作法是将适量的 Y_2O_3，$BaCO_3$ 和 CuO 进行固态反应。在稍后的报道中，他们宣称进一步改进了化合物的质量，起始超导转变达 98K 处。1987 年 2 月 24 日中国科学院物理所宣布赵忠贤等人获得：

$$Ba_xY_{5-x}Cu_5O_{5(3-y)}$$

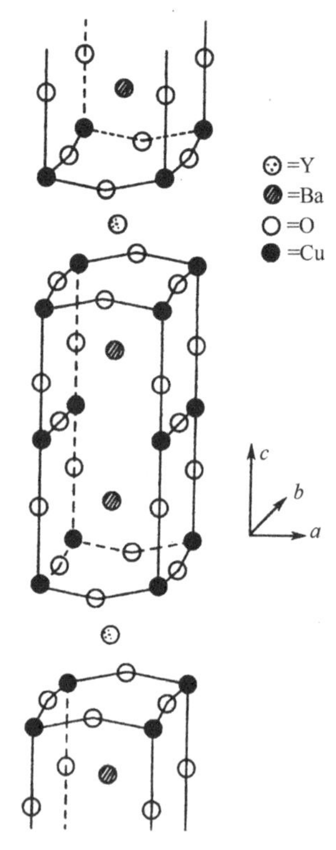

图 8.4　$YBa_2Cu_3O_{7-x}$晶体结构

x=0.5，超导转变温度为 92.8K，出现零电阻的温度为 78.5K。

现在公认的化学式为 $YBa_2Cu_3O_{7-x}$。图 8.4 是其晶体结构，其晶格常数 A=3.8237Å，b=3.8874Å，c=11.657Å，晶胞体积为 173.28（Å）^{3}

值得指出，本书作者于 1987 年 2 月 12 日投稿从理论上指出：在 La-Ba-Cu-O 中，于高压下以 Y 代 La，可以进一步提高 T_c①。

此后，在 1987 年还制出了一系列材料，其化学式为

$$REBa_2Cu_3O_{7-x}$$

其中 RE 表示稀土元素 Nd，Sm，Eu，Gd，Dy，Ho，Er，Tm，Yb 和 Lu，超导转变温度分别是 92.0，88.3，93.7，92.2，91.2，92.2，91.5，91.2，85.6 和 88.2（以 K 为单位）。这里指的均是电阻为零的温度。在 1987 年报道的其他一些高 T_c 超导材料还有

$$La_{1.80}Y_{0.05}Sr_{0.15}CuO_{4-\delta}$$

$$La_{1.80}Gd_{0.05}Sr_{0.15}CuO_{4-\delta}$$

$$La_{1.925}Ca_{0.075}CuO_4$$

$$La_{1.7}Eu_{0.1}Sr_{0.2}CuO_4$$

$$La_{1.8}Yb_{0.2}Sr_{0.2}CuO_4$$

$$La_{1.8}Pb_{0.1}Sr_{0.1}CuO_4$$

$$La_{0.4}Ba_{0.6}Cu_3O_w$$

① 参见章立源，Solid State Commun.62（1987），491；或《超导理论》（科学出版社，2003），第 184 页，99、100 页。

$La_{3.13}Ba_{0.5}Cu_{4.42}O_{3(3-y)}$

Yb_6BaCuO_x

$Tm_{0.5}Ba_{0.5}CuO_x$

Y-Ba-(Cu, Ni)-O

Y-Ba-(Cu, Mn)-O

Ho-Ba-(Cu, Mn)-O

Ho-Ba-(Cu, Cr)-O

Ho-Ba-(Cu, Rh)-O

$Ba_2Eu_{0.9}Y_{0.1}Cu_3O_7$

等。

1988 年初又制成了铋锶钙铜氧化物高温超导材料，这问题还要追溯到 1987 年。1987 年 6 月法国 Caen 大学的一个研究小组宣布制成了 Bi-Sr-Cu-O 新超导材料，它的特点是不含稀土元素，超导转变温度在 7～22K 之间。1988 年初日本 Maeda 等制成 Bi-Sr-Ca-Cu-O 超导体，其超导转变温度比 $YBa_2Cu_3O_{7-x}$ 可高出 10K 以上。几乎同时，美国 Arkansas 大学宣布制成 Tl-Ba-Ca-Cu-O 新高温超导材料，其起始超导转变温度约 123K。后经公认的这些超导材料的化学式写为

$Bi_2Sr_2Ca_{n-1}Cu_nO_{2n+4}$，　　n=1，2，3

$Tl_2Ba_2Ca_{n-1}Cu_nO_{2n+4}$，　　n=1，2，3，4

$TlBa_2Ca_{n-1}Cu_nO_{2n+3}$，　　n=1，2，3，4，5

在这些化学式中，n 表示其铜氧层数目。例如 $Bi_2Sr_2CuO_6$（简称 Bi-2201 相），$Bi_2Sr_2CaCu_2O_8$（称 Bi-2212 相，T_c 约 84K），$Bi_2Sr_2Ca_2Cu_3O_{10}$（称 Bi-2223 相，T_c 约 105K），$Tl_2Ba_2CuO_6$（称 Tl-2201 相，T_c 约 85K），$Tl_2Ba_2CaCu_2O_8$（称 Tl-2212 相，T_c 约 95～108K），$Tl_2Ba_2Ca_2Cu_3O_{10}$（称 Tl-2223 相，T_c 约 125K）。1993 年发现

$HgBa_2Ca_{m-1}Cu_mO_{2m+2+\delta}$，$m$=1，2，3

系列，其中 Hg-1223 在加压达 31GPa 时，T_c 可达 164K。从以上列举之例可见，对每一系列，超导转变温度随铜氧层数（n）的增加（至少在 n 不太大的开始阶段）而上升。

高温铜氧化物超导材料中都有类似的铜氧层与其他原子层相间排列，这是它们的共性。据信，铜氧层是导致高超导转变温度值的核心构件，而目前多数人认为：BiO 层，TlO 层（还有 $YBa_2Cu_3O_7$ 中的铜氧链层）则行如电荷库。对于钇系，除 $YBa_2Cu_3O_7$（Y-123）外，还有 $YBa_2Cu_4O_8$（Y-124）以及 $Y_2Ba_4Cu_7O_{15-\delta}$（Y-247）。Y-124 的晶体结构与 Y-123 相似，只是 Y-123 的铜氧链单层（参见图 8.4）被双层的链层 Cu_2O_2 所取代。Y-124 的超导转变温度约为 80K。Y-124 的优点是它的氧成分配比稳定。Y-247 超导体的晶格结构则是 Y-123 和 Y-124 相间的有序排列，其超导转变温度随 δ 值而均匀变化，当 δ=0 时，超导转变温度值最大，约为 92K。其他各高温铜氧化物的晶体结构这里不一一详述。

在上述各高温铜氧化物超导体中，载流子均为空穴（p 型）。1989 年发现了电子型（n 型）高温铜氧化物超导体。1989 年 1 月日本 Tokura 等人宣布

$$Nd_{2-x}Ce_xCuO_{4-y}$$

当 $0.14<x<0.18$ 时有超导电性，在 x=0.15 时，超导转变温度为 24K，以后随 x 的增加超导转变温度下降，当 x 约为 0.18 时超导电性消失。图 8.5 显示了 $Nd_{2-x}Ce_xCuO_{4-y}$ 的晶体结构，称为 T′ 结构，而图 8.2 的结构叫 T 结构。T′ 结构中铜离子是被平面内四个氧离子所环绕，这是与图 8.2 所示 T 结构不同的。

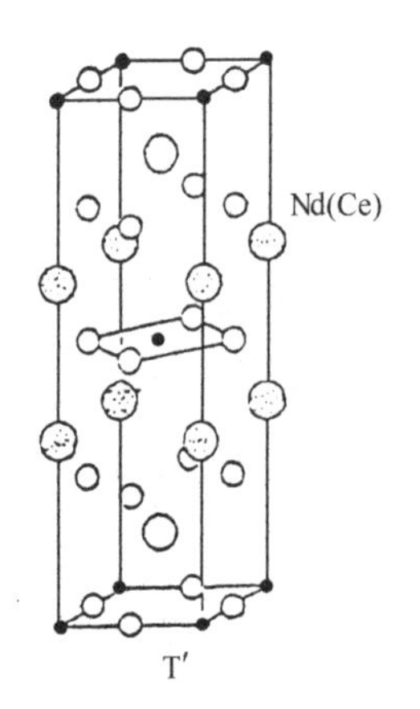

图 8.5　T′ 结构

现在介绍不是铜氧化物的高温超导体。先谈铋氧化物。20 世纪 70 年代发现的

$BaPb_{1-x}Bi_xO_3$ 超导体，超导转变温度约 13K（简称 BPBO）。1988 年发现 $Ba_{1-x}K_xBiO_3$（BKBO）为高温超导体，超导转变温度约为 30K。BKBO 的晶体结构是简单立方钙钛矿结构，它是在 $BaBiO_3$ 中以 K 代替部分 Ba 而变为金属的，$BaBiO_3$ 是半导体。BKBO 在 $0.35<x<0.5$ 区间内显示出超导电性。特别应注意的是 BKBO 是三维结构各向同性；不含铜且无磁性，而例如 $La_{2-x}Sr_xCuO_4$ 是对其母体材料 La_2CuO_4 掺杂而成，La_2CuO_4 为反铁磁绝缘体。高温铜氧化物超导体为层状结构。顺便指出，2003 年 Takada 等人发现 $Na_xCoO_2 \cdot yH_2O$（$x\approx0.35$，$y\approx1.3$）为 $T_c\approx5K$ 的超导体，它含 CoO_2 层，层间为绝缘体①。

高温铜氧化物超导体是实验高温超导的途径之一，但不会是唯一的途径。1990 年 Kini 等人发现

$$\kappa\text{-}(ET)_2Cu\,[N(CN)_2]\,Br$$

的超导转变温度约 12.4K，其中 ET 表示 BiS（ethylenedithio）tetrathiofulvalene。同年 Williams 等人发现

$$\kappa\text{-}(ET)_2Cu\,[N(CN)_2]\,Cl$$

的超导转变温度为 12.8K（当压强为 0.3kbar 时）。

1985 年莱斯大学的 Smalley 小组发现了笼式碳分子 C_{60}。他们通过调节激光脉冲和氦气的气压，能够在激光汽化石墨的质谱中产生 C_{60} 分子。图 8.6 显示了笼式碳分子 C_{60} 的结构①。它由 60 个碳原子构成。整个 C_{60} 分子由 20 个 6 边形和 12 个 5 边形组成，是一个 32 面体（截顶 20 面体），共 60 个顶点。

迄今人类仍然对星际物质没有足够的了解。20 世纪 60 年代后期，在星际消光光谱中，在紫外区域发现有一个突出的宽峰，曾把它归结为由小的石墨粒子所引起，但对这个问题未下结论。前述 Smalley 小组在 20 世纪 80 年代继续研究这个问题，他们用激光烧蚀石墨以制取长键碳分子，想证明它就是导致上述峰的星际物质，

① 参考 Nature 424（2003 年 7 月），p.527 有 $Na_xCoO_2 \cdot 1.3H_2O$ 的相图。

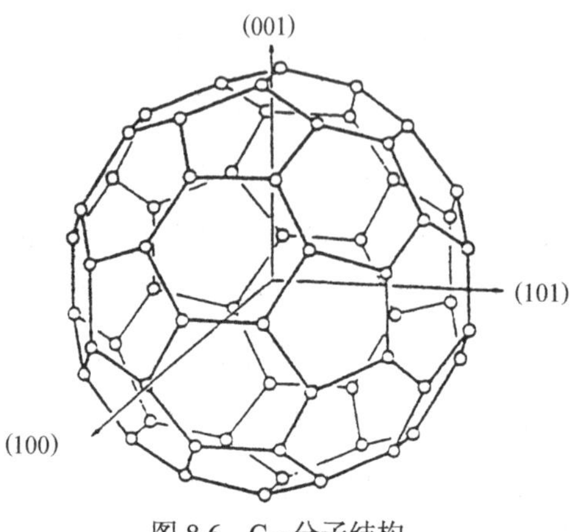

图 8.6 C_{60}分子结构

最终使他们照前述实验方法发现了 C_{60}的信号。Smalley 小组设想这种分子的结构是截平的 20 面体，形如足球。著名建筑师巴克明斯特·富勒（Buckminster Fuller）曾大量设计过短程线圆屋顶，所以人们就把这种分子命名为 Buckminster Fullerene，中文即称为富勒球或巴基球。

由这种大分子可形成 C_{60} 晶体，晶体结构是面心立方，晶格常数为 14.198Å，最近邻的两个分子球心间隔为 10.04Å。晶体密度为 1.7 克/厘米^3。晶体中 C_{60}分子之间的结合力很弱，属于范德瓦耳斯力。纯的晶体是半导体，其能带隙为 1.7eV。面心立方晶胞中有两种间隙位置，平均到每个 C_{60} 分子可有三个间隙位置，其空间相当大，于是首先令人想到用碱金属离子去掺杂以填充间隙位，看能否造成导体。1991 年赫巴德（Hebard）等报道了掺杂钾，得到了 K_3C_{60} 超导材料，超导转变温度为 18K 左右。其后报道有 Rb_3C_{60}，超导转变温度 29K，$Cs_2Rb_1C_{60}$，超导转变温度 33K，$Cs_1Rb_2C_{60}$，超导转变温度 31K。

直到 21 世纪之交，对掺杂 C_{60}超导电性的机制仍众说纷纭。但可以肯定的是，例如 K_3C_{60} 中的钾原子几乎是完全电离成为正一价的钾离子；C_{60} 掺杂后，来自钾的三个电子占据了 K_3C_{60} 的导带，导带宽度比掺杂前的宽度变小，所以钾的作用是增加了电子浓度。

从弥散星际波段的秘密启迪了 C_{60} 分子的发现，再到电子掺杂型 C_{60} 超导体的制成，此一细心探索与大胆创新过程值得学习。此外 C_{60} 晶体材料作为非线性光学材料以及半导体均有良好发展前景。截角 20 面体形如一种完美的生命结构，这结构或类似结构可能广泛存在于自然界病毒中（如小儿麻痹病毒）。

于本节结尾我们简单提到，Akimitsu 等人 2001 年新发现 MgB_2 为中等超导转变温度的超导体，约为 40K。2008 年发现铁基高温超导体。例如：$PrO_{1-x}F_xFeAs$，其超导转变温度 52K。

顺便提及，2004 年 4 月 Nature 报道：在近 100 000 大气压和 2500～2800K 温度下，已制成硼掺杂的金刚石（Boron-doped diamond）发现为超导，$T_c \approx 4K$，$H_{c2}(0) \geqslant 3.5T$。

高温铜氧化物超导体的特性

与传统的（或称常规的）BCS 超导体相比，高温铜氧化物超导体的性质有共性与特殊性两面，其中有些特殊性比较显著，常称为“反常”。就高温氧化物超导体的正常态性质而言，其“反常”更为明显。本节扼要介绍一下高温铜氧化物超导体的特征。

大家知道，BCS 超导微观机制中的基本因素是库珀对。历史上证实库珀电子对存在的著名实验是磁通量子化实验（参见第四章）。在这实验中证明，于超导态下陷于中空超导圆柱内的磁通量为一基本单位的整数倍，这个基本单位是 $\frac{hc}{2e}$。$2e$ 这个量的出现就是表示：在超导态下载流子是成对的。那么，在高温超导体的超导态下是否也存在载流子对呢？Gough 等人以实验直接回答了这个问题。他们用钇钡铜氧化物作成超导环（外直径 10.0mm，内直径 4.5mm），用射频超导量子干涉仪监测，观察到磁通量子化现象。磁通量子的测量值是 $(0.97 \pm 0.04)\frac{hc}{2e}$。目前认为，在超导转变温度以下，高温氧化物超导体中的载流子也是结合成对而形成相干超导态。

既然在高温铜氧化物超导体中存在载流子配对，那么，这就在基本点上与传统的 BCS 超导体一致。然而，载流子配对有单一态自旋配对与三重态自旋配对两种可能。对于单一态自旋配对情况，其轨道部分的波函数是对称的（如 s 波，d 波……），而对于三重态自旋配对情况，其轨道部分的波函数是反对称的（如 p 波…）。高温氧化物超导体中的载流子配对属于哪种情况，是 20 世纪 90 年代众所关注的焦点，经过大量巧妙的实验，目前倾向于达成共识：高温铜氧化物超导体的载流子配对是以 d 波为主的，但有小量的 s 波成分，自旋配对是单一态自旋配对（即自旋向上、向下的两载流子配对）。

高温铜氧化物超导体另一个重要的基本特征是超导相干长度（ξ）小，并有明显的各向异性。表 8.1 列出了 $YBa_2Cu_3O_7$ 的超导相干长度 ξ 及磁穿透深度 λ。其他高温铜氧化物的 ξ 和 λ 具有相同的数量级。表 8.1 中 ab 表 CuO_2 面，c 表 c 轴方向。

表 8.1　$YBa_2Cu_3O_7$ 的超导相干长度及磁穿透深度

物理量	数值（Å）
ξ_{ab}	14±2
ξ_c	1.5～3
λ_{ab}	1415
λ_c	≥7000

传统上 BCS 超导体的相干长度的数量级是 10^{-4}cm，而在传统的正常金属中，每个电子平均所占据的球的半径处于玻尔半径的 2～5.5 倍范围；因此，对于通常的 BCS 超导体，在其超导相干体积范围内有大量的相互重叠的超导电子对，而对于相干长度为 10Å 数量级的高温铜氧化物超导体而言，在其超导相干体积内，超导载流子对的数目则很少，两者情况有明显差异。这将导致在高温铜氧

化物超导体内有显著的涨落效应。例如电导涨落效应、比热涨落效应等。

从表 8.1 可以看到，在铜氧面内的超导相干长度（ξ_{ab}）与沿 c 轴方向的 ξ_c 值有较大差异。超导穿透深度也是如此。这表示：高温铜氧化物超导体的层结构导致电磁性质的显著各向异性。图 8.7 表示 YBCO 单晶样品的电阻率（ρ）随温度变化行为的各向异性。

表 8.2　若干高温铜氧化物超导体铜氧面内 T=0K 下的磁穿透深度

化合物	λ_{ab}（Å）
$Bi_2Sr_2CaCu_2O_8$	～3000
$(Bi, Pb)_2Sr_2Ca_2Cu_3O_{10}$	2320
$Tl_2Ba_2CuO_6$	1700
$Tl_2Ba_2CaCu_2O_8$	2210
$Tl_2Ba_2Ca_2Cu_3O_{10}$	1960
$YBa_2Cu_4O_8$	1980
$HoBa_2Cu_4O_8$	1610

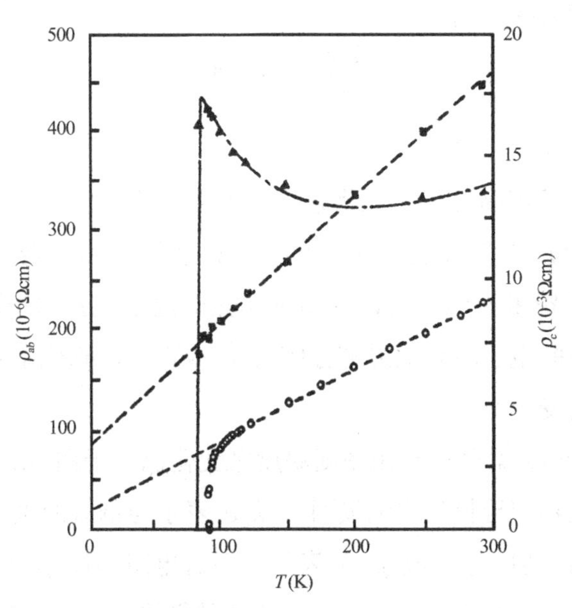

图 8.7　YBCO 单晶样品电阻率的各向异性温度行为

其中圆点和方块分别表示两个样品的 ρ_{ab} 数据，三角表示 ρ_c

同位素效应是有助于探索超导机制的重要性质。高温铜氧化物超导体的同位素效应指数（β）远小于 0.5，这使许多人提出了非电声超导机制或混合机制（即仍存在一部分电声超导机制）去解释高温铜氧化物的超导电性。表 8.3 列出了几种高温氧化物超导体的同位素效应指数。值得注意的是铋氧化物的同位素效应指数比其他铜氧化物的 β 大得多，这可能表示在 $Ba_{1-x}K_xBiO_3$ 中，电声作用超导机制占有较为重要的分量。

表 8.3　高温氧化物超导体的同位素效应指数

系　统	T_c/K	β
LaSrCuO	～36	0.16
YBaCuO	～92	0.043
BiSrCaCuO	110	0.026
$Ba_{1-x}K_xBiO_3$	～60	0.41 0.35±0.05

对高温铜氧化物超导体能隙测量做了大量工作。多数测量表明，高温铜氧化物的

$$\frac{2\Delta(0)}{k_B T_c} \sim 4 \sim 8$$

这与 BCS 理论值 3.52 不同。

现在转而谈高温铜氧化物超导体正常态的性质。它的正常态性质有诸多“反常”表现，这就是说其许多性质偏离费米液体的性质。例如就费米液体而言，低温下比热随温度（T）的变化是线性的，电阻率的电子库仑散射部分应与 T^2 成正比，磁化率和霍耳系数不随温度而变等等。

$YBa_2Cu_3O_7$ 晶体的电阻率随温度之变化已示于图 8.7。以 ab 面表示铜氧化物超导材料中铜氧面，以 c 表示与铜氧面垂直的方向，前者的电阻率以 ρ_{ab}（或 ρ_{11}）表示，后者电阻率以 ρ_c（或 $\rho_{\perp}$）表示。对于多晶样品 ρ 表示 ρ_{ab} 与 ρ_c 的某种平均值。图 8.7 中两条 ρ_{ab}（T）曲线是对两个晶体样品而得的随样品而异的结果。可以看出，虽

然两个样品的 ρ_{ab} 大小不同，$d\rho_{ab} / dT$ 值也不同（一为 0.7μΩcm/K，另一为 1.5μΩcm/K），但是 ρ_{ab} 都有随温度的线性变化区。图中还表示，ρ_c 比 ρ_{ab} 值约大两个数量级，而且 ρ_c 表现出非金属特征（$d\rho_c/dT<0$）。多晶样品所显示出的电阻率行为主要是反映铜氧面内（ρ_{ab}）的特征。其他高温铜氧化物的正常态电阻率均有 $\rho\propto T$ 的表现。在磁性质方面，图 8.8 显示了 $La_{2-x}Sr_xCuO_4$的相图。

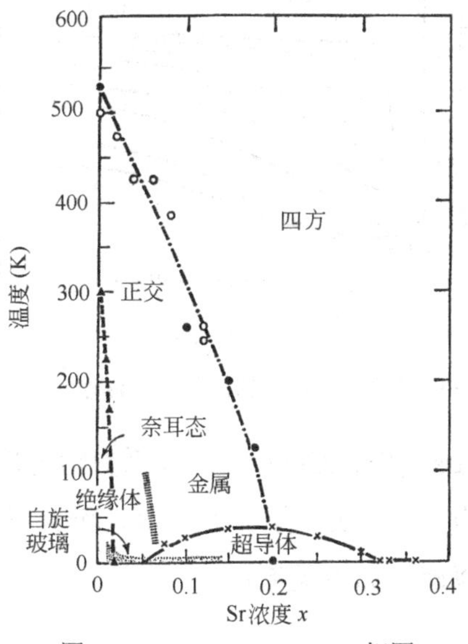

图 8.8　$La_{2-x}Sr_xCuO_4$ $T\sim x$ 相图

当以锶掺杂于 La_2CuO_4 时，Sr^{2+}取代了晶格中一些 La^{3+}而形成 $La_{2-x}Sr_xCuO_4$。由于 Sr^{++}比 La^{3+}少贡献一个电子，因而在此材料中引入了额外的（或称附加的）空穴，它们在铜氧面中有一定的迁移率，当这些空穴在各晶位之间跃迁时就产生了约束和抑制在材料中原来存在的长程反铁磁自旋有序的倾向。实验表明，当 x 从零增加到约 0.02 时，奈耳温度（T_N）从约 300K 急剧下降到零。如图 8.8 所示，图中还表明：在 $0.02\lesssim\leqslant x\lesssim0.06$ 区域内存在一种无序结构，称为自旋玻璃相（spin glass），它表现为有弱局域化的近金属性质。当 $0.06\leqslant x\leqslant0.3$ 时，$La_{2-x}Sr_xCuO_4$是金属且在一定超导转变温度下处于超导态；$La_{1.85}Sr_{0.15}CuO_4$ 的超导转变温度最高，约为 35K。最后，当 $x \geqslant 0.3$ 时，这材料仍为金属性质但超导电性却消失了。图 8.8 还表明，在 $x<0.2$ 存在结构相变。图 8.9 为 Y-123 的自旋磁化率随温度的变化。可以看到，高温铜氧化物超导体正常态的自旋磁化率随温度强烈变化，只有在最佳掺杂下（图 8.9 中 x=0.04 曲线）才在大部分温度范围几乎不随温度而变。

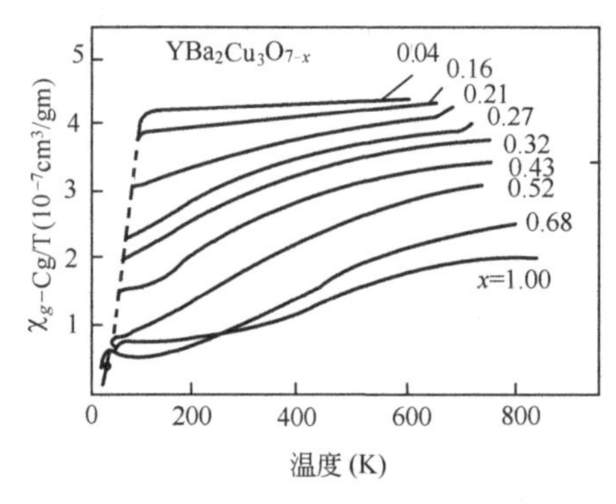

图 8.9　$YBa_2Cu_3O_{7-x}$ 的磁化率随温度及 x 的变化

图 8.10 表示 $La_{1.85}Sr_{0.15}CuO_4$ 的霍耳系数随温度的变化。在温度比超导转变温度为大处，R_H 有一极大值，继而随高温度的上升，R_H 单调下降，近似地有如下关系：

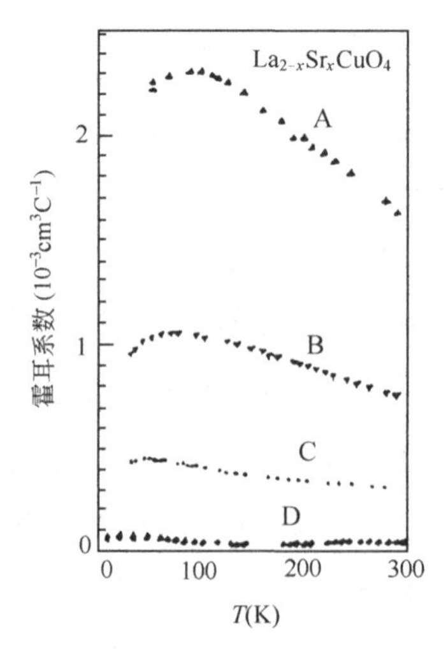

图 8.10　$La_{2-x}Sr_xCuO_4$ 随 x 的增加（$A \rightarrow B \rightarrow C \rightarrow D$）霍耳系数随温度的依赖关系减弱

$$R_H^{-1}=a（T+T_0）$$

其中 a 和 T_0 均为正的常数，对于 $La_{2-x}Sr_xCuO_4$ 系统，当掺 Sr 量增加时，霍耳系数值变小，霍耳系数随温度的依赖关系变弱。在图 8.10 中，A、B、C、D 样品的含 Sr 量依次增加，它们的超导转变温度依次下降，同时其霍耳系数的行为则渐趋于费米液体行为。

在探索高温超导材料的正常态性质时，霍耳效应是很有研究价值的一种输运现象。从霍耳系数（R_H）可以得到有关载流子类型（空穴型或电子型）以及载流子密度方面的信息。

温差电势率也是最常测量的一种输运性质，它不只可以给出有关载流子的信息，且和技术应用有关。高温氧化物超导体的温差电势率行为也是目前一个难题。图 8.11 是 $La_{2-x}Sr_xCuO_4$ 烧结样品的温差电势率随温度及掺 Sr 量（x）的变化行为。主要特征为：在超导转变温度之下温差电势率为零，在超导转变温度之上，温差电势率在某温度处有正的峰值，以后随温度的升高，温差电势率单调下降，有近似线性变化行为；从图 8.11 还可看出，随着掺 Sr 量的增大，温差电势率的值迅速下降。

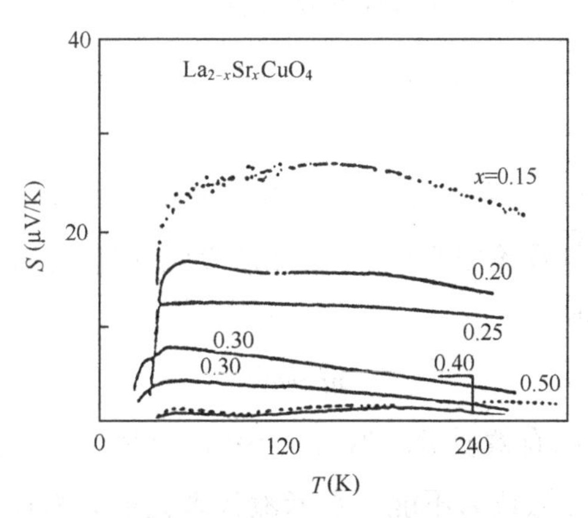

图 8.11　$La_{2-x}Sr_xCuO_4$ 的温差电势率（S）随 T（K）及 x 的变化

以上图 8.7，图 8.9～8.11 有关正常态的性质对所有已发现的高温铜氧化物超导体均类似，其基本特征属共性，只是对不同材料具体数据当然不同。这些共性构成所谓“反常”。

关于高温铜氧化物超导电性机制的若干问题

直到这 20 世纪与 21 世纪之交，人们对高温超导电性的超导机制仍未达成共识。突出的问题是：对于高温铜氧化物超导材料而言，1957 年提出的 BCS 超导微观理论是否仍能加以修正后适用？如何修正抑或另建新理论？当前众说纷纭，没有定论。

就基本定性而论，可分为非费米液体派与费米液体派两大派别（自然还总有一些属于折中的）。大家知道，BCS 超导理论是在正常态为费米液体的框架内建立的，所以高温铜氧化物超导体是否归于费米液体正常态与其超导态机制密切相关。

什么叫费米液体？20 世纪历史上一个重要的里程碑是朗道-费米液体理论。概括地讲，费米液体有如下含义：

（1）准粒子概念有效，这要求准粒子有足够长的寿命 τ；

（2）准粒子具有电荷（$\pm e$）和自旋（σ），不可分开；

（3）系统在动量空间有费米面存在；

（4）准粒子分布满足玻耳兹曼方程；

（5）低温下比热随温度（T）做线性改变（γT）；磁化率为常数。

上述第（5）条并非独立的一条，但是费米液体的重要标志。在朗道费米液体理论中当以裸（bare）粒子重组为诸准粒子时，其质量重正化，即

$$m \to m^*$$

称 m^*为准粒子的有效质量。当 $m^* \to \infty$时，则准粒子概念失效。

非费米液体派认为不能在费米液体理论框架内描写高温氧化物超导材料。持这派观点的人的基本论据为：

（1）基于电声机制的传统的 BCS 理论无法解释处于液氮温区的超导转变温度值。的确，在高温氧化物超导体发现之初，Mattheis 即

对 $La_{2-x}X_xCuO_4$ 作了能带计算（X=Ba，Sr 等），Weber 则基于他的能带计算结果，以紧束缚理论计算了该系统的电子声子相互作用，给出了有效声子谱得到电声耦合参数可以解释 La_{2-x}（Sr，Ba）$_xCuO_4$ 的超导转变温度在 30～40K 之间的范围内。Weber 的这一结果似乎在 BCS 电声机制框架内解释了 La_{2-x}（Ba，Sr）$_xCuO_4$ 的超导转变温度，但是，当 Weber 以同一超导机制和计算方法计算 $YBa_2Cu_3O_7$ 系统的超导转变温度时，却得不到 90K 的高温超导转变温度；

（2）高温氧化物超导体的正常态性质具有一系列“反常”表现；例如本章第三节已讲过的，电阻率随温度的线性行为，霍尔系数的倒数（R_H^{-1}）随温度的线性关系以及温差电势率的“反常”等；

（3）高温超导材料具有一些不寻常的根本性特点，例如低维性，超导相与反铁磁的邻近性，载流子密度低等，人们设想由此可能产生与费米液体的根本不同。例如，载流子密度低可引起足够强的未屏蔽的库仑作用，这可能导致朗道-费米液体理论中的绝热近似不再成立。

持费米液体派观点的人则认为

（1）已有若干理论对 BCS 理论经过推广或修正而得到了处于液氮温区以上的超导转变温度值；

（2）在高温铜氧化物超导体正常态性质上所谓“反常”并非它们所独有，有些在以往历史上已有先例。而且对有些性质已在推广的 BCS 理论框架内陆续得到解释；

（3）20 世纪 90 年代有相当多的实验表明：基于局域密度近似（LDA）的能带理论，在预测高温铜氧化物超导体的费米面以及费米面形状上取得了相当的成功；

（4）并非全部高温氧化物超导体全是低维的、与反铁磁邻近的，例如 $Ba_{1-x}K_xBiO_3$ 高温铋氧化物超导体的晶体结构是简单立方钙钛矿结构，它是三维结构各向同性，而且这类材料中不含磁性离子。因此，在这类化合物中，磁性不可能是对高温超导机制起作用的因素。对新近发现的 MgB_2 高温超导体更是如此。

反对用费米液体描写高温铜氧化物超导体的代表人物是美国的 P.W.Anderson。初期（1987 年），他提出了共振价键态（resonant valence bond state，简写为 RVB 态）理论，这一理论是基于高温铜氧化物的低维性、反铁磁的邻近性和载流子密度低等特点提出的。这理论的基本突出点是认为：电荷与自旋自由度分离，这与费米液体的基本点不同。Pauling 于 1938 年首先提出金属的共振价键理论，这理论认为，在相邻原子上，自旋相反的两轨道电子形成共价键，而这些共价键可以在两个以上的位置之间共振（即 RVB）。1973 年 Anderson 提出了 RVB 态新的绝缘体，他认为至少在二维三角格子、自旋 $S=\frac{1}{2}$ 的反铁磁体中的反铁磁基态可能是 Bethe 在反铁磁线链上提出的单重态配对（singlet）态类似体；Anderson 进而指出，经高阶能量修正计算表明诸单重配对态的移动或“共振”可使其状态更稳定。1987 年 Anderson 作为基本假设提出：高温铜氧化物超导体母化合物 La_2CuO_4 的绝缘态是共振价键态，在共振价键态中预先就存在最近邻上载流子单重态配对，在以少量二价离子（Sr^{2+}，Ba^{2+}等）掺杂后使原母化合物系统金属化并进而产生超导电性。随后，Kivelson 等人指出 Anderson 理论中的元激发如下：

表 8.4　Anderson 理论中的元激发

符号	$\vert 0\rangle$	$\vert \alpha\rangle$	$\vert \beta\rangle$	$\vert \alpha\beta\rangle$ 双占据态
自旋、电荷	无自旋	自旋↑	自旋↓	↑↓
自由度的情况	电荷+e	中性	中性	电荷−e

用算符表示法可写：

$$|0\rangle\langle 0| \to e_i^+ e_i$$

$$|0\rangle\langle \alpha| \to e_i^+ s_{i\alpha}$$

$$|\alpha\beta\rangle\langle \alpha\beta| \to d_i^+ d_i$$

$$|\alpha\beta\rangle\langle \alpha| \to d_i^+ s_{i\alpha}$$

称 $s_{i\alpha}$ 为自旋子算符（spinon），e_i 为空穴子算符（holon）。

Anderson 理论认为，在这种超导态中，那些自旋子组成赝费米面（pseudo fermi surface）。对电阻率随 T 的线性关系则解释为：在高温铜氧化物超导体的正常态（$T>T_c$）下，只有那些在赝费米海表面附近数量级为 k_BT 的能量范围内的自旋子对玻色空穴子存在有效散射，因而预期 $\rho\propto T$。Anderson 还用其理论解释了一些其他性质。

值得指出，一维 Luttinger 液体模型具有与 Anderson 上述理论相似的元激发，然而，Anderson 理论目前要害问题是对二维是否仍如此？

在简要介绍了 Anderson 派的观点后，我们介绍一些近费米液体流派，我们着重谈一下近局域化费米液体理论的观点，这派观点，在高温铜氧化物超导体系中，载流子的局域化与退局域化的竞争对体系的性质起着重大作用，从中子散射实验看出，高温铜氧化物超导体在其母化合物绝缘态（掺杂为零）下具有局域化自旋，当由于掺杂使系统中附加的空穴浓度增加乃至逐渐进入金属态时，系统中的载流子局域化程度会逐渐变小。但仍可保存有某种程度的、残存的准局域化。

对高温铜氧化物系统假设有一低能尺度，以 ω_c 表示，它大体上与系统中近局域化的 d 电子窄带宽度相当。图 8.12 在 T 与铜氧化物空穴浓度（x）相图中标出了 ω_c 作为 x 的函数（即图中阴影区），在图 8.12 中左边低 x 区是绝缘态区；在低 x 处，ω_c 变小（带宽愈益狭窄），而在半填充能带极限，则系统是 Mott 局域化绝缘体，费米液体概念失效（$m^*\to\infty$）。从图 8.12 看来，当掺杂增大以致超过了高温铜氧化物超导电性的“最佳”组分以后，系统进入了“过掺杂”区（图 8.12 中的大 x 值区），这时系统行如费米液体，在 ω_c（相当于 T_{coh}）之上的区域，则与费米液体发生偏离。

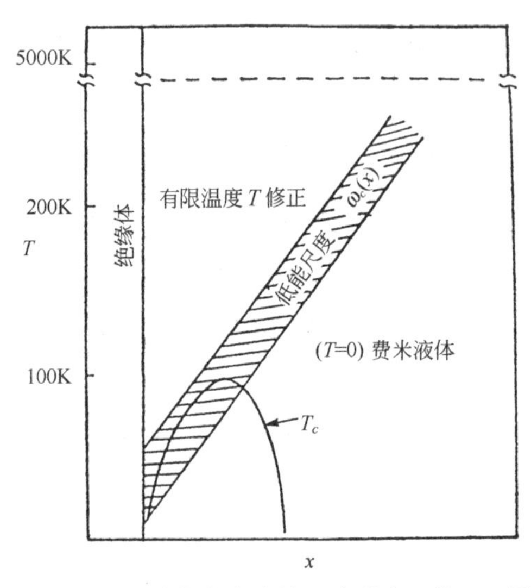

图 8.12　近局域化费米液体理论所建议的 T-x 图

双成分超导模型和近局域化费米液体理论密切关联。本书作者于 1987 年 2 月提出了双成分超导模型（或称双子系统模型）。所谓双子系统，一是巡游载流子子系统，这是宽带态或称退局域化态，另一为近局域的载流子子系统，这是窄带态，这些近局域的载流子在任一有限温度下以一定几率形成近局域载流子对（双极化子）。1988 年本书作者在双子系统模型的框架内进一步指出：在高温铜氧化物内，靠近费米面存在赝隙区，并指出存在此赝隙是高温铜氧化物材料的基本特征。1996 年，角分辨的光电发射实验（ARPES）发现在欠掺杂及近最佳掺杂的高温铜氧化物超导材料确实存在赝隙。1987 年以来，许多实验都表明，在高温氧化物超导体中有两类载流子共存，随着掺杂（掺 Sr，Ba 等）量的增加，这两类载流子之间的竞争有一个演化过程。最直接的实验证据是 Sugai 等人对 $Ba_{1-x}K_xBiO_3$ 系统的拉曼谱分析，这一实验直接支持了双子系统论点，即巡游载流子与局域化双极化子的共存是导致高温氧化物超导电性的原因。扫描隧穿显微术（STM）近来日益成为探查材料局域电子结构的有力工具。特别引人注目的是在纳米尺度内非均匀性的观察上。新近的 STM 结果[①]表示：铜氧化物材料的理论应可能位于下列两者之间的弥蒙区域（murky regime），即在局域的（在实空间内）图像和巡游的（动量空间）图像之间。

本书作者提出的双成分理论认为：巡游载流子形成的库珀对与近局域对彼此相互相干作用，从而诱导增进了超导态中的有效配对位势，从而形成高温超导；作者曾表明，即使在巡游载流子子系统中设只有很弱的声子媒介作用从而引起的 BCS 耦合参量很小，它也能在近局域化对子系统中诱导出非对角自能，从而产生相应的诱导能隙，这是由于这两个子系统互相有相干混杂的结果。

历史上，在库珀提出库珀对概念之前，奥格（Ogg）曾提出局域化对以解释超导电性。上述对高温超导的图像可称为库珀对与奥格对相结合绘景。这种机制对 $La_{2-x}Sr_xCuO_4$，$YBa_2Cu_3O_{7-x}$，$Bi_2Sr_2Ca_2Cu_3O_{10}$ 以及 $Ba_{0.6}K_{0.4}BiO_3$ 的超导转变温度，超导转变温度处的比热跃变，超导相干长度，穿透深度，$2\Delta(0)/k_BT_c$ 比值以及同位素效应，正常态下温差电势率、霍耳系数等等可作出解释。

Varma 曾提出“边缘费米液体”理论，其系统与费米液体有所偏离，但偏离的行为较弱，有人曾通过计算自能论证，上述双成分（双子系统）体系近于 Varma 所建议的边缘费米液体。

Schrieffer 提出自旋袋机制（spin bag）。他们指出：两个空穴分别处于分开的两个“口袋”之能量代价比两个空穴共享一单个口袋的要大；这就是说，自旋袋具有有效吸引势，Schrieffer 从理论上说明由此可产生 s 波配对的超导电性。但 Schrieffer 与 Anderson 不同，Schrieffer 讲的是自旋 $\frac{1}{2}$ 的带电粒子之配对凝聚。

此外，Pines 曾提出近磁费米液体模型，这是以邻近反铁磁性为基础，提出自旋涨落模型。由上所述可以看出，各流派之间最突出的意见分歧是元激发的自旋与电荷自由度是否应分开，从实验上

① 参见 Science 303，26March 2004，p.1986。

看，目前没有强有力的证据证实两者应分开，问题有待进一步考察，另一方面，就目前而论也并非各理论没有任何共识之处。一个共识为，在高温铜氧化物超导体系统中存在有随掺杂而演化的局域化与退局域化的竞争过程，在 Anderson 论文中也含有这个认识，不过对其作用大小则各理论认识不同。第二点，关于能隙函数（或称序参量）的对称性问题各派渐趋共识，即高温铜氧化物超导序参量是以 d 波为主混有少量 s 波的混合波对称性；但对于为什么是混合波的机制问题则无共识。第三点共识为，高温铜氧化物超导体的正常态为赝隙金属态，即具有赝隙的金属态，这与常规金属态不同。最后就是费米液体与非费米液体之争论，这是在 20 世纪末对凝聚态物理提出的基础性课题。费米液体理论是 20 世纪在凝聚态物理领域的基础性重大进展，其图像可概括为由准粒子所组成的气体结构，这些准粒子服从费米统计；目前，大家的共识只在于需要仔细研究费米液体理论的适用范围，并对费米液体的认识提出深层次的质疑；前述双子系统体系近于 Varma 所建议的边缘费米液体；实际上前者属靠近费米液体一端的近费米液体[①]；不同观点的趋近值得注意。

对高温铜氧化物超导体固体电子结构已开展了在超精细空间尺度与超短时间尺度下的实验观察。有实验探索了在小于微微秒（10^{-12} 秒）尺度下电子液体结构的变化（可称为察瞬）。对其实验的初步分析认为：$La_{2-x}Sr_xCuO_4$（x=0.07，0.15）固体电子液体内存在两者：一为退局域化的单电子态（形象地称为电子河），另一为具有局部反铁磁自旋序的局域化电子畴，且两者间不间断地发生量子涨落，涨落时间约为 10^{-12} 秒。20 世纪朗道的费米液体理论是一

① 参见《中国科学》30 卷，2000 年 12 期。

种平均场理论，它不能顾及这种新情况①。

高温超导技术应用展望

值此 21 世纪，各项科学技术迅猛发展，若干基于高温超导材料的技术正从两大方向向实用方面移动。其一为大规模电力应用，其二为超导电子学应用。毫无疑问，在未来几十年在有关这两大方向上，重大革新的脚步必然加快。

在本书第七章，针对低温超导材料已经讲过超导应用展望，估计了前景。然而一方面因为应用低温超导材料需要昂贵的液氦设备，另一方面由于常规导体（如铜）材料在大规模应用于发电机、电动机、传输线及变压器方面的相对低廉成本，使低温超导材料无法与之全面竞争。然而，1986～1988 年超导转变温度处于液氮温区的高温超导材料的发现重新燃起了应用超导材料于电力、电子学方面的希望，因为用液氮冷却更简易（相对于液氦而言）、更可靠，而且液氮冷却设备相对简单，价格不那么昂贵。日本及美国在这方面投资很多。1996 年有人估计，日本每年在高温超导材料发展与大功率应用有关项目上投资约 1 亿美元，此外日本还有高温超导材料磁悬浮列车方面的计划。

在大功率电力工程应用上必须制造出性能好、价格低的高温超导带材或线材，这才能在相关市场上有竞争力，这还有一段路要走。

20 世纪 90 年代人们主要选择了 BSCCO 及 YBCO 高温超导材料来制造带材或线材；前者有 $Bi_2Sr_2CaCu_2O_{8+\delta}$（Bi-2212）或 $Bi_2Sr_2Ca_2Cu_3O_{10+\delta}$（Bi-2223），后者为 $YBa_2Cu_3O_{7-\delta}$，它们的超导转变温度都高于液氮沸点（77K）。制造实用带材必须临界电流密度（J_c）值足够大。阻碍 J_c 值提高有两个原因，一是材料内部由许多分开的颗粒组成，诸颗粒之间只存在弱连接，必须设想改善这边界连

① 参见 Nature，440 卷，2006 年，第 1170、1118 页；Nature，498 卷，2013 年，第 41 页。

接；另一个原因是需要设法做出强磁通钉扎以使磁通线可以抵抗洛伦兹力的推动，以减少能量损耗。1996 年的报道是美日的一些公司做出了 Bi-2223 约 1 公里长的带材，在 77K 下，J_c约 10^4A/cm^2，在 20K 时 J_c可达 10^5A/cm^2。2000 年英国《自然》杂志报道超导材料用 Bi-2223 再以银为外套制造出约 1 公里长的带材，在 77K 温度下，载流可超过 100A 而无阻。德国 Hammerl 等人提出一种增进超导电流密度的技术，他们的基本思想是：设法使材料内的颗粒边界优先过掺杂，他们得到的 J_c值在 77K 下达于约 4.3×10^5A/cm^2。2004 年《自然》（430 卷，2004 年 8 月第 867 页）报道，对 $YBa_2Cu_3O_7$ 超导体加入纳米颗粒的缺陷（约 2～4nm）以增进磁通钉扎；当此类缺陷密度足够大时，可使在 77K 下高磁场的临界电流增加两到三倍。基于用 $YBa_2Cu_3O_{7-x}$ 与 $Bi_2Sr_2Cu_nCa_{n-1}O_x$ 为材料制造人工结构（如超晶格）的研究也在积极开展①。

2004 年报道，中国研制的“33.5 米三相高温超导电缆”在云南昆明普吉变电站并网运行。这是中国第一组并网试运行的超导电缆，它标志了我国继美国、丹麦之后成为世界上第三个将超导电缆投入电网运行的国家。这使我国超导电缆技术水平居世界先进行列。图 8.13 是实际运行现场。

图 8.13　我国的高温超导电缆运行图

① 参见 Supercond.Sci.Technol.16（2003）R29～46。

其他在各国试验的例子，如美国曾试验将一个 6 公里长的 BSCCO 带用于在深 50 米地下的电力传输电缆。试验采用液氮冷却设备。必须不断开发有关新技术以把成本降下来才能使之具有广泛使用的竞争力。另外许多实验室或公司都在以高温超导线试制磁体，例如，英国做成用 Bi-2212 带绕制 2 Tesla 超导磁体。人们也在尝试以高温超导磁体制作电动机中的线圈，相信总会在将来于磁悬浮列车上使用高温超导磁体。

我们转而谈高温超导电子学方面。最重要的是高温超导量子干涉仪（HTS SQUID）。20 世纪 90 年代由制造薄膜技术以及“读出”电子技术（readout electronics）的进步，高温超导（HTS）SQUID 磁强计的场灵敏度已有很大改进。人们特别关注在用高温超导 SQUID 做心磁信号的测量（magneto-Cardiographic，MCG），最终希望与心电图竞争。1996 年 Itozaki 报道了 HTS SQUID 多沟道（Multi-Channel）系统的制备并给出了心磁信号图。当然离应用于医学诊断还有许多工作要做，包括仪器的合适的灵敏度，在现实环境中的可操作性，在足够长的时间内仪器的稳定性、耐用度，有效心磁信号的获取以及对其分析、处理软件等。1998 年德国 Jülich 研究中心报道了在适当中等磁屏蔽下采用 YBCO rf SQUID，在长达 10 个月的时期做了临床 MCG 测量；报道说仪器系统稳定，并预期可在此基础上进一步做出多沟道 MCG 系统设备。据称这个高温超导系统已可与低温超导的相应设备可比，并预期对研究心律不齐已足够可用。德国汉堡大学微结构和应用物理研究中心 2001 年报道，他们制造出 77K 下多沟道 dc-SQUID 系统，具有低噪声性能，半年内系统工作稳定，以此系统作了心磁图研究，并也可作受激脑磁讯号研究。日本在高 T_c SQUID 的下述多方面正在进行研究及开发：NDE（nondestructive evaluation）、SQUID 显微术、使用精细磁标志的生物测试、地质学上的勘定、食品检测、缺陷分析以及 SQUID-NQR 等。

美国空军研究部门（Air Force Office of Scientific Research）支持发展用高 T_c SQUID 探测在航空器表面上的磁反常。高 T_c SQUID 可作非破坏性探测，对商用和军用各种航空器探测其内部是否有裂迹或受腐蚀。对核反应堆压力容器亦可起类似作用。

高 T_c 材料所制滤波器（filter）有望取代常规的铜制品，因为高温超导材料过滤讯号时能保留其原来强度从而可能探测更远的讯号。Hammond 估计 cellular-phone receiver filters 可能为高温超导提供较早开辟的市场机会。高温超导滤波器既可对通信基站容量能力产生影响，也可对其覆盖范围产生影响。在 2001 年 B.A.Willemsen 估计，至 2000 年 9 月，全世界约有 800 个基站永久性地安装了 HTS-filter。

用高 T_c SQUID 实现对纳米粒子的探测是可能的（nanoparticle detection）。2001 年日本 Tanaka 等人报道用 HTS SQUID（是用 YBCO 薄膜制）在活组织检查淋巴结中（Lymph Node Biopsy）的纳米颗粒①。

超导数字电子学（Superconducting Digital Electronics）也在开发试验中。当然，当前数字电子学的主流仍是用半导体。

制造合用的超导薄膜技术是开展以上各应用的基础。我国北京有色金属研究院总院采用自行设计的一台制备直径 2 英寸双面超导薄膜的直流磁控溅射设备，成功地制备出目前国内最大面积的高质量双面 YBCO 超导薄膜，达到了国际同类材料的先进水平，并为国内超导电子学应用研究单位提供了 2000cm^2 的大面积单、双面超导薄膜材料。研制成功的微波器件、超导量子干涉器和红外探测器件均显示了优异性能。用双面超导薄膜材料制备的微波器件具有插入损耗小、能耗低、体积小、重量轻等优点。以大面积双面超导薄膜为关键材料的移动通信子系统将为 21 世纪新一代移动通信工程的升级产品。

---

① 读者可参考 IEEE Transactions on Applied Superconductivity 11 卷，2001 年 3 月号。

在 21 世纪，原子层工程（Atomic Layer Engineering）将取得更大进展。这是在原子单层层次上的材料工程，它要在分子层水平上，使材料一层接一层地合成（Layer-by-layer）；要求确保分子层的准确系列，聚集而形成异质结构，如多层或超晶格体系，而不允许界面之混杂。已经发展了原子层与层可控制的外延技术（atomic layer-by-layer reaction-controlled-epitaxy，简写 ALL-RCE）。在研究用高 T_c 超导材料于高速通讯或计算机问题中，制造优良的多层薄膜技术是关键要求之一。在这方面工作中需要探测在原子尺度上的结构信息的实验工具。

以上讲的高温超导技术都是以高温铜氧化物超导体为材料而发展的。2001 年 1 月发现一个很普通的价廉材料，这就是 MgB_2，日本发现了其超导转变温度为 39K。虽然 MgB_2 的超导转变温度难与高温铜氧化物一类相比，但相对目前一般使用的低温超导线而言是一大进步，因为这些低温超导金属线材或带材一般工作于 16K。美国 Wisconsin 大学已表明 MgB_2 材料没有高温铜氧化材料内部弱连接障碍。Bell 实验室 Jin Sungho 已成功制出以铁外套（iron-clad）的 MgB_2 带材。MgB_2 再次燃起了新方向以推进超导技术实用化，它的主要优点是价格低廉，然而目前在其于大电流应用材料制造上尚存在困难。在其薄膜制造及结制成方面尚在探索中。乐观的人士估计，在克服诸多困难后，MgB_2 实用超导材料的价格可与 NbTi 线不相上下。无论如何，高温氧化物超导体绝非唯一的提高超导转变温度的途径，本书第六章讲的各样材料，特别是有机导体尚需开拓。Bell 实验室最近报道在塑料（plastics）中发现超导的现象。在实现高温超导技术应用方面人们需要不断进取，创新技术，开拓材料。

结束语

到此，这本书可以结束了。自 1911 年昂内斯发现超导电性至今，回顾这超导发展的历史，大体可以分为三个阶段：

第一阶段：自 1911 年到 1957 年超导微观理论（即 BCS 理论）问世，这是人类对超导电性的基本探索和认识阶段。

第二阶段：自 1958 年到 1986 年属于人类对超导技术应用的准备阶段。

第三阶段：自 1985 年发现超导转变温度高于 30K 的超导材料后，人类将逐步转入超导技术开发时代。当然，以超导技术开发为这一历史时期的总特点，它也包括人类对超导的认识及理论上的进步。比如，当前一个突出的问题就是：对于所发现的高温氧化物超导材料、掺杂 C_{60}、MgB_2 及铁基高温超导材料而言，BCS 超导理论是否仍然适用？是需要改造它还是需要全新的理论？新超导材料的超导机制是否仍是电声机制？还是另外什么机制？对这些问题的研究已经展开，但目前众说纷纭，没有定论。不管怎样，随着在这第三阶段中时间的推移，人类对超导机制、理论的认识也会更加进步成熟了。

综上所述，人类探索低温物性研究是由 20 世纪初开始的。它是在 19 世纪液化技术发展的基础上展开的，这一液化空气等的技术在 20 世纪形成了大型工业，为国民经济做出了很大贡献，而由探索低温物性而发现的超导电性则至今已有 100 余年历史了。假如说人类在远古时代新材料器具（石器、铜器、铁器等）的发展都经过漫长的摸索的话，那么 100 余年超导研究史表明，即使在现代，对一种全新的重大新型材料来讲，从其发现、探索、技术试验、材料优化乃至大规模开发应用还需要相对来说较长的历史时期。对于这种全新科技发展的长期性、艰巨性一方面要有足够的认识，另一方面要有足够的基础储备，还要有对已有技术的不断先进化、发展更新以为新种子提供条件。在不同时期，各科技方面会出现特有的侧重发展，要善于抓住机遇；就超导而言，从历史发展观点看来，自 1986 年起已从侧重其基础研究逐渐转向侧重超导技术开发了。

已故超导材料专家马梯阿斯曾说：“如果在常温下，例如 300K 左右能实现超导电现象，则将使现代文明的一切技术发生变化。”这可包括：电能输送、电动机发电机制造、发电厂结构之改变（包括磁流体发电兴起）、超导线圈储能技术、超导磁悬浮列车、超导电子计算机、超导电子学器件、超导磁体、高灵敏度电磁仪器、地球物理探矿技术、地震研究技术、医学临床应用、特异功能研究、针灸机理研究、生物磁学学科大发展、强磁场下物性及生物变异学科之兴起、军事应用等等技术科学领域。

基于上述分析，在超导发展的漫长历史时期中，目前已侧重于超导技术，而由于超导技术将会广泛地影响一个国家的国民经济、军事等领域，所以，当前国际上的竞争非常激烈。中国目前应重视集中人财物力于超导技术、工艺器件方面的发展，尤其是在超导电子器件方面。此超导技术方面的领先对我国综合国力将有较深的影响。

未来总是属于青年人的，你们将能以你们的青壮年处于超导科学、技术发展的青壮年阶段，你们将有幸继续向前探索更新的天地。我还相信你们将生活于本书第一章所讲的未来畅想转化为实际的生活之中。

探索自然界的秘密是永无止境的，它要求我们奋斗不息，抓住机遇，去迎接激烈的国际竞争，把祖国的科学技术推向一个又一个的世界高峰！

后　记

1978 年 8 月，在庐山迎来了物理学会年会的召开，这是中断了 15 年后的一次年会，也是“文化大革命”后全国第一个大型学术性会议的举行。会议期间，在中国物理学会和科学出版社的共同组织下，成立了“物理学基础知识丛书”编委会。经过会前会上的反复讨论，确定了丛书编写的宗旨是以高级科普的形式介绍现代物理学的基础知识以及物理学的最新发展，要求题材新颖、风格多样，以说透物理意义为主，少用数学公式；文风上要求做到深入浅出、引人入胜，文中配置情景漫画插图。供具有大学理工科（至少具有高中以上）文化程度的读者阅读。

编委会还进行了选题规划、讨论了作者人选并明确了责任编委负责制等许多重大议题，为丛书的系统运作形成了一个正确可行的模式。

在此以后的几年中（20 世纪 80 年代），经过编委会、作者及出版社的努力丛书共出版了 19 种。到了 90 年代，丛书又列选了一批优秀物理学家的作品，但由于种种原因，大部分未能按计划交稿出版，如《四种相互作用》、《加速器》、《波和粒子》、《宇宙线》、《表面物理》、《表面声波》等。1992 年，为纪念物理学会成立 60 周年，我们第二次组织丛书编委会，将丛书中获中国物理学会优秀科普书奖的几种和新版的几种整合了 10 个品种，仍以“物理学基础知识丛书”的名义出版，使它得到了一个小小的复苏。因此，1978～1992 年间两次出版的“物理学基础知识丛书”共计 22 种。

“物理学基础知识丛书”在中外物理界产生了很好的影响。整套丛书获物理学会优秀科普丛书奖，其中 8 种获优秀科普书奖；《从牛顿定律到爱因斯坦相对论》、《漫谈物理学和计算机》、《宇宙的创生》三书有繁体字版；《宇宙的创生》有英文和法文版；《漫谈物理学和计算机》获全国第三届科普优秀图书一等奖。有些书、有些章节已成为年轻学子心中的经典。

它的成绩是与许多物理界的人紧密相关的。严济慈、钱三强、陆学善、钱临照、周培源、谢希德等老一辈物理学家对这套书，从多方面进行了支持。忘不了陆学善老先生在 1978 年暑热的天气，颤颤巍巍地拄着拐杖从家中走到物理所开会的情景，始终记得他曾说过的一句话："不要用我们已有的知识去轻易否定我们未知的东西。"

"物理学基础知识丛书"的编委和作者是一支十分杰出的队伍。记得一次物理学会的常务理事会在物理所举行工作会议，会上，物理学会要成立"科普委员会"，在讨论人选时，王竹溪先生指着"物理学基础知识丛书"编委会的名单说："这些人组成科普委员会正好。"之后。果真物理学会科普委员会的大部分成员都是"物理学基础知识丛书"编委会的编委，而主编褚圣麟成为第一届科普委员会的主任。"物理学基础知识丛书"的编委和作者前后约 50 余人，粗略统计一下，其中学部委员（院士）7 人，大学校长 3 人，科学院级所长 2 人，大学物理系主任 5 名，副主编吴家玮和《超流体》的作者是美籍华人。编委或作者，他们所作的工作都是艰苦的。编委亲自推荐作者、参与组稿、和作者一起讨论撰稿提纲，每位编委都要专门负责几部书稿，详细审查书稿，写下书面审稿意见，跟作者面对面地讨论书稿。丛书的副主编吴家玮虽然人在国外，但工作却是认真又出色，他在美国华人物理学家里为丛书组稿，他作为责任编委对自己负责的稿件《超导体》所写的几次审稿意见就达一万多字。副主编汪容承担了当时丛书进展的主要环节，他策划选题、物色作者，带着编辑组稿，真是全身心地投入。20 世纪 80 年代，几乎每一次全国性大型物理学会议的间隙和晚上都是我们编委会的编务工作之时。值得提及的是，编委们所做的这些工作都是没有报酬的，那时也没有人有过意见，尽管要耗费许多精力和时间，他们仍是任劳任怨、乐此不疲。当时学术界对做科普甚至是蔑视的。物理学家李荫远先生在 1988 年为《相变和临界现象》写过一份评奖的推荐就是佐证：

"……该书为精心撰写的入门性著作，又是高级科普读物，同类型的在国际出版界实不多见。因为，写这样的书下笔前要在大量的文献中斟酌取舍，下笔时为读者设想，行文又要推敲，很费时间；同时还不能算作自己的研究成果，我认为对这样的书写得好的应予以嘉奖。"

"科普著作不算研究成果"这是人所共知的。丛书中有几位学部委员接受了我们的约稿，那是他们自己对写科普有兴趣有能力，他们并不介意算不算成绩。但是，"不算成绩"对大部分编委和作者的确是形成了压力造成了障碍的。

对作者而言，写出一部高级科普并不比写一部专著更省力。那时编委会做出了一个不成文的规定，就是每部书稿成文之前，务必要有一个表现过程，最好是到读者对象——理科大学生中间去讲一讲，以此来了解读者的需要，检验内容的深浅。这样一来，我们的作者，在大学的讲台上，在国内的讲学过程中，在出国进行学术交流活动中，都完全地将自己要完成的科普著作与科研教学工作联系起来了。

作为责任编辑，我有幸参与了"物理学基础知识丛书"多次的"表现过程"。我曾聆听过许多作者和编委对他们书稿的诠释。几十年来的愉快合作，我和他们中的许多人成了相知相敬的好朋友，使我终身受益无穷。当丛书的发展受阻，我面临重重困难失去信心时，总有他们的帮助和鼓励，这才有了 1992 年"物理学基础知识丛书"第二次 10 本的推出。

20 世纪 90 年代后期，国内许多出版社大量翻译引进国外系列高级科普读物，科学院对科普读物的重视程度也不可同日而语了。

在一些传媒举行的著名科学家座谈会上，百名科学家推荐的优秀科普读物中，“物理学基础知识丛书”中的多种跃然纸上……今天，重视科普的大环境，又让老树开出了新花，“物理学基础知识丛书”中5种得以修订再版。我们也期待着丛书中其他同样优秀、值得再版的书早日与读者见面。

20几年过去，科学和技术翻天覆地地改变了世界，信息世界中有了计算机，丛书中《漫谈物理学和计算机》中的许多预言都已变成了现实。一些关注“物理学基础知识丛书”的老一辈物理学家已永远离开了我们，当年“物理学基础知识丛书”的作者和编委，现在大都还奋战在物理学前线或以物理为基础进军高科技研究。借2005世界物理年的契机，我们将新的丛书名定为“物理改变世界”。自1905年至今，爱因斯坦所做出的理论和物理学的其他成就，无疑已经彻底改变了人类的生产和生活，改变了整个世界。推出这套书是对世界物理年全球纪念活动的积极响应，也是“物理学基础知识丛书”全体编委和作者合作推动我国科普事业而进行的又一次奉献！我们希望这套书能在唤起公众对物理的热情上起到一点作用，并以此呼唤、回答和感谢“物理学基础知识丛书”的所有编委和作者，期望“物理改变世界”能得到延续和发展。

姜淑华

2005年5月4日

附：

“物理学基础知识丛书”

1981～1989 年出版 19 种（按出版时间次序排列）

1. 从牛顿定律到爱因斯坦相对论
2. 受控核聚变
3. 超导体
4. 超流体
5. 等离子体物理
6. 环境声学
7. 相变和临界现象
8. 物态
9. 从电子到夸克——粒子物理
10. 原子核
11. 能
12. 从法拉第到麦克斯韦
13. 半导体
14. 从波动光学到信息光学
15. 共振
16. 神秘的宇宙
17. 宇宙的创生
18. 漫谈物理学和计算机
19. 物理实验史话

“物理学基础知识丛书”编委会

“物理学基础知识丛书”再版

1992 年庆祝物理学会成立 60 周年再版 7 种，新版 3 种、共 10 种

1. 超导体　　2. 环境声学
3. 相变和临界现象　　4. 物态
5. 从电子到夸克——粒子物理　　6. 从法拉第到麦克斯韦
7. 从波动光学到信息光学　　8. 漫谈物理学和计算机
9. 晶体世界　　10. 熵

“物理学基础知识丛书”第二届编委会

“物理改变世界”

2005 年为世界物理年而出版

数字文明：物理学和计算机　郝柏林　张淑誉　著

边缘奇迹：相变和临界现象　于　渌　郝柏林　陈晓松　著

物质探微：从电子到夸克　陆　埮　罗辽复　著

超越自由：神奇的超导体　章立源　著

溯源探幽：熵的世界　冯　端　冯少彤　著